普通高等学校"十四五"规划数字装配式建筑系列教材

装配式钢结构施工技术

主编◎ 陈子莹　唐小方（学校）　　主审◎ 袁富贵（学校）
　　　朱家勇　王建河（企业）　　　　　 沈　兵（企业）

联合编制　广东白云学院
　　　　　深圳金鑫绿建股份有限公司

华中科技大学出版社

中国·武汉

图书在版编目(CIP)数据

装配式钢结构施工技术/陈子莹等主编.—武汉:华中科技大学出版社,2024.4
ISBN 978-7-5680-9975-2

Ⅰ.①装…　Ⅱ.①陈…　Ⅲ.①装配式构件-钢结构-建筑施工-高等学校-教材　Ⅳ.①TU758.11

中国国家版本馆 CIP 数据核字(2023)第 199404 号

装配式钢结构施工技术　　　　　　　　　　陈子莹　　唐小方　　朱家勇　　王建河　　主编
Zhuangpeishi Gangjiegou Shigong Jishu

策划编辑：胡天金
责任编辑：王炳伦
封面设计：旗语书装
责任校对：刘　竣
责任监印：朱　玢
出版发行：华中科技大学出版社(中国·武汉)　　　电话：(027)81321913
　　　　　武汉市东湖新技术开发区华工科技园　　　邮编：430223
录　　排：华中科技大学惠友文印中心
印　　刷：武汉市洪林印务有限公司
开　　本：787mm×1092mm　1/16
印　　张：12
字　　数：289 千字
版　　次：2024 年 4 月第 1 版第 1 次印刷
定　　价：49.80 元(含培训手册)

前　　言

推进装配式建筑的发展和应用是实现整个建筑行业升级转型和可持续发展的必由之路。装配式建筑以标准化设计、工厂化生产、装配化施工、一体化装修、信息化管理、智能化应用为主要特征。

装配式建筑主体有三种主要的结构形式：钢结构、预制混凝土结构和木结构。发展装配式钢结构建筑是建造方式的重大变革，有利于节约资源、减少施工污染、提升劳动生产效率和质量安全水平，有利于促进建筑业与信息化、工业化深度融合，培育新产业新动能，推动化解过剩产能。钢结构建筑作为装配式建筑的一种重要形式，将在未来得到更大的发展。

钢结构建筑在我国已经有多年的发展经验，技术上比预制混凝土结构和木结构更加成熟。但是由于钢结构建筑造价稍高、人们对传统现浇混凝土建筑已经习惯等，近年钢结构并没有在我国得到大面积应用。同时，我国对装配式钢结构建筑的研究与建造起步相对较晚，一度缺乏完整的装配式钢结构建筑技术体系，缺少相关专业技术人员和完整建筑的设计、生产及施工能力，缺乏对装配式钢结构建筑的围护、内装和管线系统的重视，集成配套上也出现较多问题。在现阶段的工程项目施工中，建筑行业工作者虽然熟知传统建筑生产模式和方法，但是对于装配式钢结构建筑这种新工艺知之甚少，这既不利于工程项目建设工作的开展，也会对装配式钢结构建筑产业的持续发展形成阻碍。

要推动装配式钢结构建筑的可持续发展，应重视建设人员职业技能的培养，以此满足装配式钢结构建筑施工需要。本教材编写的目的在于介绍装配式钢结构施工基础，包括建筑、结构、内装、外围护、机电设计等全专业内容，帮助钢结构建筑从业技术人员快速建立起所需的知识体系，安全、经济、合理地完成钢结构建筑的工程实施，从而培养钢结构建筑工程专业人员。

本教材结合钢结构实际工程案例，介绍内容既包括装配式钢结构建筑技术体系、钢结构深化设计和钢结构制作工艺等基础知识，还包括高层钢结构及大跨度钢结构的安装等高难度钢结构工程，以及钢结构施工组织及安全管理等方面的知识，涵盖设计、生产、施工、验收、运营维护的建筑全生命周期。

本教材由陈子莹、唐小方、朱家勇、王建河主编，袁富贵、沈兵主审。参与编写人员分工如下：前言、第 1 章由陈子莹、朱家勇、贾伟栋编写，第 2 章由汪星、王建河、毛朝江编写，第 3 章由唐小方、王兰蓉编写，第 4 章由陈晓旭、张大伟编写，第 5 章由宝鼎晶、赵沙编写，第 6 章由刘淑娟、戚猛编写，第 7 章由邢璐、谷春军、赵雅慧编写。

广东白云学院的学生罗俊杰、陈伟焕、肖柏龙、李智豪、钟俞淳、钟一林、何锢楠、谭蕴青、廖丹丹、盘育良等负责收集、编辑图片及绘制文章配图的工作。

编者

2023 年 12 月 30 日

目　　录

1　装配式钢结构建筑技术体系简介

1.1　装配式钢结构建筑概述

装配式建筑是由预制部品部件在工地装配而成的建筑,而《装配式钢结构建筑技术标准》(GB/T 51232—2016)指出"装配式钢结构建筑是指建筑的结构系统由钢部(构)件构成的装配式建筑"。从适用范围看,装配式钢结构适用于低层、多层和高层的住宅建筑,超高层建筑,以及部分工业建筑。但要正确理解装配式钢结构建筑的内涵,需要弄清下面几个问题。

1. 钢结构建筑不等于装配式钢结构建筑

钢结构的节点无论采用焊接连接或者螺栓连接,都认为钢结构本身就是装配的。但根据已经施行的国家标准《装配式钢结构建筑技术标准》(GB/T 51232—2016)和《装配式建筑评价标准》(GB/T 51129—2017),装配式钢结构建筑的组成应包括:结构系统、外围护系统、设备管线系统和内装系统。单纯的某个系统装配,例如只有结构系统装配不能称作装配式钢结构建筑。这样强调是为了扭转目前在部分装配式钢结构建筑领域存在的"重结构、轻建筑、无内装"的错误说法。

2. 装配式钢结构建筑的设计实施过程

传统现浇建筑无论是在建筑专业、结构专业、设备专业等设计阶段,还是在策划、设计、生产加工、施工等建造实施环节,相互之间的交叉、协调相对简单,工艺(工法)也很明确。而装配式钢结构建筑的建造是基于部品部件进行系统集成,进而实现建筑功能并满足用户需求的过程,在系统集成的过程中,各系统之间的交叉和相互影响更加复杂。所以需要装配式钢结构建筑的设计人员从根本上转变思维、理念,必须站在建筑系统集成的层面上去思考问题。

总体而言,装配式钢结构建筑的集成设计,要做到以建筑功能为核心,以结构布置为基础,以工业化的围护、内装和设备管线部品为支撑,综合考虑建筑户型、外立面、结构体系、围护、设备管线、构件防护、内装等各方面的协同与集成。

1.2 装配式钢结构建筑的特点和发展意义

1.2.1 装配式钢结构建筑的特点

装配式钢结构建筑的承重构件主要采用钢材制作,具有节能、低碳环保、抗震性好、加工精度高和安装速度快等特点。

1. 节约成本、缩短工期

目前现浇混凝土建筑的建设成本中,人工费占总造价的 15%～20%,材料费占总造价的 45%～65%。投资建设成本不断升高的主要原因包括劳动力价格持续升高、传统建造方式工业化水平不高、建造效率低下、建筑材料和设备浪费大、损耗高等。发展装配式钢结构建筑则可以将现场用工数量减少至现浇混凝土建筑的 70%,并大幅度降低建筑材料、模板、设备的用量和损耗,并且装配式钢结构建筑的建造效率也远高于现场作业,施工不易受天气等因素的影响。因此,建设工期可有效缩短 25%,工期更为可控。

2. 节约资源、降低能耗

装配式钢结构建筑与目前广泛采用现浇混凝土的建筑相比,在节约资源、降低建筑能耗方面有着无可比拟的优势。其主要构件和外围护材料均在工厂制成,现场组装,相对于传统现浇混凝土建筑可以减少 80% 建筑垃圾排放量,在建筑施工节水、节电、节材、节地等方面优势明显。装配式钢结构建筑的主体结构拆除后,90% 以上的材料可以重复利用或加工后再利用,对环境产生的负担小。

3. 抗震性好

与混凝土构件相比,钢结构构件的延性好,地震作用下不易发生脆性破坏。同时由于大量采用轻质围护材料,在建筑面积相同时,钢结构建筑的自重远小于钢筋混凝土剪力墙建筑,地震反应小。

4. 建筑空间灵活、使用面积增大

装配式钢结构建筑采用框架结构体系,钢梁的经济跨度为 5～8 m,中间不需要柱的支撑,容易形成大空间。在现代住宅设计中,对使用空间的功能可变性要求越来越高,而钢结构的特点使得空间灵活布置更容易实现,并且钢构件的截面尺寸远小于混凝土构件,可增大使用面积。

1.2.2 装配式钢结构建筑的发展意义

发展装配式钢结构建筑,有利于推动行业绿色和可持续发展,提升建筑性能,带动建筑产业的技术进步。

1. 有利于推动住房城乡建设领域的绿色发展

当前,我国建筑业粗放的发展方式并未根本改变,表现为资源能源消耗高、建筑垃圾排放量大、扬尘和噪声环境污染严重等。装配式钢结构建筑可实现材料的循环再利用,减少建筑垃圾排放,并且能够降低噪声和扬尘污染,保护周边环境,有效降低建筑能耗,推进住房城乡建设领域绿色发展。

2.有利于化解钢材产能,实现建材资源的可持续发展

目前我国人均水泥用量是世界人均水平的 4 倍,每年消耗优质石灰石资源 20 亿吨。河沙的大量使用,导致环境被严重破坏。与此同时,我国是钢材生产大国,粗钢产量多年蝉联世界第一,而我国钢结构建筑占新建建筑比例在 5% 左右,发达国家的这一比例为 20%～50%,相比之下我国有很大的发展空间。发展装配式钢结构建筑有利于降低对水泥、砂石等资源的消耗,实现建材资源的可持续发展。

3.有利于提升建筑性能、改善人居环境

装配式钢结构建筑抗震性能好、构件截面小,配合优质外围护系统,有利于提升居住的舒适性,改善人居环境。装配式钢结构建筑构件重量轻、施工速度快,同样适合在旅游风景区、农村及城镇等地区推广使用。

4.有利于推动建筑产业的技术进步

与混凝土建筑相比,装配式钢结构建筑对外围护系统和内装系统提出了更高的要求;与传统的生产和建造方式相比,装配式钢结构建筑需要采用更多的优质材料和集成部品。装配式钢结构建筑的不断发展,将会拉动上下游产业的技术提升和进步。

1.3　装配式钢结构建筑发展过程中存在的问题

近些年来,我国装配式钢结构建筑发展迅速,但仍存在不少问题和挑战。采取有效对策解决这些问题,对推动我国装配式钢结构建筑的发展意义重大。

1.3.1　使用习惯方面

长期以来,我国民用建筑特别是住宅建筑中大量采用砖混或钢筋混凝土结构,而钢结构用于公共建筑和工业建筑较多,这使得人们对装配式钢结构建筑缺乏了解,认为其存在造价高、外露梁柱、难维护等一系列问题。要转变人们的固有观念,不仅可以在建筑成本控制、配套部品精细化设计及新型结构体系研发等方面采取措施,还可以通过开展示范工程展示、专业知识宣传等手段,来消除人们的顾虑。

1.3.2　研究与技术方面

我国装配式钢结构建筑的研究与建造起步相对较晚,一度缺乏完整的装配式钢结构建筑技术体系,缺少相关专业技术人员和完整建筑的设计、生产及施工能力,缺乏对装配式钢结构建筑的围护、内装和管线系统的重视,集成配套上也出现较多问题。针对以上问题,应鼓励国内科研院所和企业积极参与装配式钢结构建筑的系统研究,并引导企业积极探索和实践装配式钢结构建筑项目。

1.3.3　部品配套方面

装配式钢结构建筑是钢结构系统、外围护、内装和设备管线系统的集成,而外围护、内装等相关配套部品在一定程度上决定了装配式钢结构建筑的性能。部品部件性能上的不匹配,会造成墙体开裂、渗水、隔声差等问题,进而影响装配式钢结构建筑的推广。针对上述问题,应鼓励相关单位加大对配套部品的研发和实践应用。

1.4　装配式钢结构建筑的结构系统

装配式钢结构建筑应根据房屋高度和高宽比、抗震设防类别、抗震设防烈度、场地类别和施工技术条件等因素考虑其适宜的结构体系。除此之外,建筑类型也对结构体系的选型至关重要。钢框架结构、钢框架-支撑结构、钢框架-延性墙结构适用于多层或高层钢结构住宅及公共建筑;筒体结构、巨型结构适用于高层或超高层建筑;交错桁架结构适合带有中间走廊的宿舍、酒店或公寓;门式刚架结构适用于单层超市及生产或存储非强腐蚀介质的厂房或库房;低层冷弯薄壁型钢结构适用于以冷弯薄壁型钢为主要承重构件、层数不大于 3 层的低层房屋。

1.4.1　钢框架结构

钢框架结构主要应用于办公建筑、居住建筑、教学楼、医院、商场、停车场等需要开敞大空间和相对灵活的室内布局的多层或高层建筑(见图 1.1)。钢框架结构体系可分为半刚接框架和全刚接框架,可以采用较大的柱距获得较大的使用空间,但由于抗侧力刚度较小,因此适用高度受到一定限制。钢框架结构的最大适用高度根据当地抗震设防烈度确定:7 度(0.10 g)可达到 110 m;8 度(0.20 g)可达到 90 m。

钢框架结构主要承受竖向荷载和水平荷载,竖向荷载包括结构自重及楼(屋)面活荷载,水平荷载主要为风荷载和地震作用。对于多层或高层钢框架结构,水平荷载作用下的内力和位移将成为控制因素。其侧移由两部分组成:第一部分侧移由柱和梁的弯曲变形产生,柱和梁都有反弯点,形成侧向变形,框架下部的梁、柱内力大,层间变形也大,越到上部层间变形越小;另一部分侧移由柱的轴向变形产生,这种侧移在建筑上部较显著,越到底部层间变形越小。

1. 技术特点

(1)抗震性能良好,由于钢材延性好,既能削弱地震反应,又使得钢结构具有抵抗强烈地震的变形能力。

(2)自重轻,可以显著减轻结构传至基础的竖向荷载和地震作用。

(3)充分利用建筑空间,由于柱截面较小,可增加建筑使用面积 2%～4%。

图 1.1 钢框架结构

（4）施工周期短，建造速度快。

（5）形成较大空间，平面布置灵活，结构各部分刚度较均匀，构造简单，易于施工。

（6）侧向刚度小，在水平荷载作用下二阶效应不可忽视。

（7）由于地震时侧向位移较大，可能会引起非结构性构件的破坏。

2. 设计方法

装配式钢框架结构设计应符合现行国家标准《装配式钢结构建筑技术标准》（GB/T 51232—2016）、《钢结构设计标准》（GB 50017—2017）、《建筑抗震设计规范》（GB 50011—2010）的规定。高层建筑尚应符合现行行业标准《高层民用建筑钢结构技术规程》（JGJ 99—2015）的规定。针对装配式钢框架结构体系的特点，结构设计中还应注意以下设计要点。

（1）钢框架梁的整体稳定性由刚性隔板或侧向支撑体系保证，当有钢筋混凝土楼板在梁的受压翼缘上并与其牢固连接、能阻止受压翼缘的侧向位移时，梁不会丧失整体稳定。框架梁在预估的罕遇地震作用下，在可能出现塑性铰的截面（梁端和集中力作用处）附近均应设置侧向支撑（隔撑）。由于地震作用方向变化，塑性铰弯矩的方向也变化，故要求梁的上下翼缘均设支撑。如梁上翼缘整体稳定性有保证，可仅在下翼缘设支撑。

（2）框架柱设计应满足强柱弱梁原则，确保在地震作用下塑性铰出现在梁端，以提高结构的变形能力，防止结构倒塌。

（3）钢框架梁形成塑性铰后需要实现较大转动，其板件宽厚比应随截面塑性变形发展的程度而满足不同要求，还要考虑虚轴压力的影响。钢框架柱一般不会出现塑性铰，但是考虑材料性能变异、截面尺寸偏差以及一般未计入的竖向地震作用等因素，柱在某些情况下也可能出现塑性铰。因此，柱的板件宽厚比也应考虑按塑性发展来加以限制。

（4）梁柱连接节点如图 1.2 所示。

1.4.2　钢框架-支撑结构

对于高层建筑，由于风荷载和地震作用较大，梁柱等构件尺寸需要相应增大，失去了经济合理性，此时可在部分框架柱之间设置支撑，构成钢框架-支撑结构（见图 1.3）。钢框

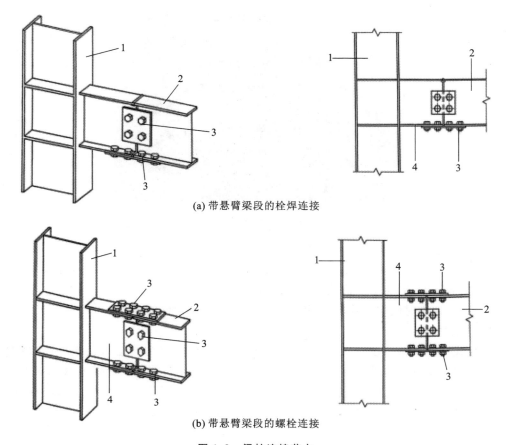

(a) 带悬臂梁段的栓焊连接

(b) 带悬臂梁段的螺栓连接

图 1.2　梁柱连接节点

1—柱;2—梁;3—高强度螺栓;4—悬臂

架-支撑结构的最大适用高度根据当地抗震设防烈度确定,7 度(0.01 g)可达到 220 m,8 度(0.20 g)可达到 180 m。钢框架-支撑结构在水平荷载作用下,通过楼板的变形协调形成框架和支撑双重抗侧力结构体系。根据支撑类型可分为中心支撑框架、偏心支撑框架和屈曲约束支撑框架。

1. 技术特点

(1)中心支撑框架具有刚度大、构造相对简单、可减小结构水平位移、改善内力分布的特点。但在地震荷载作用下,中心支撑易产生屈曲和屈服,使其承载力和抗侧刚度大幅下降,影响结构整体性,主要用于低地震设防烈度地区。

(2)偏心支撑框架利用耗能梁段的塑性变形吸收地震力,使支撑保持弹性工作状态,较好地解决了中心支撑的耗能能力不足的问题,兼具中心支撑良好的强度和刚度以及比纯钢框架结构耗能大的优点。

(3)屈曲约束支撑结构在支撑外部设置套管,支撑芯板与其他构件连接所受的荷载全部由芯板承担,外套筒和填充材料仅约束芯板受压屈曲,使芯板在受拉和受压下均能进入屈服阶段。因此屈曲约束支撑的滞回性能优良,承载力与刚度分离,可以保护主体结构。

图 1.3　钢框架-支撑结构

2. 设计方法

钢框架-支撑结构设计方法与钢框架结构类似,针对钢框架-支撑结构的特点,结构设计中还应注意以下设计要点。

(1)装配式钢框架-支撑结构的中心支撑布置宜采用十字交叉斜杆、单斜杆、人字形斜杆或 V 形斜杆体系(见图 1.4),但不应采用 K 形斜杆体系,因为 K 形支撑在地震作用下,可能因斜杆屈曲或屈服引起较大侧向变形,使柱发生屈曲甚至造成倒塌。偏心支撑至少应有一端连接在梁上,使梁上形成耗能梁段,在地震作用下通过耗能梁段的非弹性变形耗能(见图 1.5)。

(2)应严格控制支撑杆件的宽厚比,用以抵抗在罕遇地震作用下,支撑杆件经受的弹塑性拉压变形,防止过早地在塑性状态下发生板件的局部屈曲,引起低周疲劳破坏。

(3)偏心支撑框架设计同样需要考虑强柱弱梁的原则。应将柱的设计内力适当提高,使塑性铰出现在梁上而不是柱中。也应该将有耗能梁段的框架梁的设计弯矩适当提高,使塑性铰出现在耗能梁段而不是同一跨的框架梁。

1.4.3　钢框架-延性墙结构

钢框架-延性墙结构具有良好的延性,适用于抗震要求较高的高层建筑。延性墙包括多种形式,主要有钢板剪力墙结构、内填混凝土剪力墙结构等。

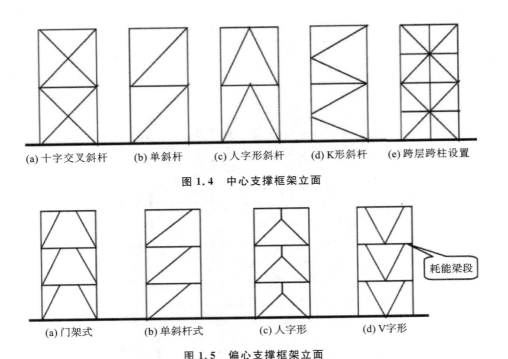

(a) 十字交叉斜杆　　(b) 单斜杆　　(c) 人字形斜杆　　(d) K形斜杆　　(e) 跨层跨柱设置

图 1.4　中心支撑框架立面

(a) 门架式　　　(b) 单斜杆式　　　(c) 人字形　　　(d) V 字形

耗能梁段

图 1.5　偏心支撑框架立面

1. 技术特点

1）钢板剪力墙结构

钢板剪力墙与钢支撑类似，都是抗侧力构件。钢板剪力墙包括非加劲钢板剪力墙、加劲钢板剪力墙、开缝钢板剪力墙、屈曲约束钢板剪力墙以及组合钢板剪力墙等（见图 1.6）。对钢结构住宅来说，常采用非加劲钢板墙和开缝钢板剪力墙，前者占用空间小，不影响住户面积，后者布置灵活，可利用门、窗洞间的墙来布置。另外，钢支撑比钢板剪力墙的刚度更大，更容易满足舒适度、抗侧刚度等方面的要求。

2）内填混凝土剪力墙结构

内填混凝土剪力墙结构体系是在楼梯间、电梯井或建筑隔墙的部分框架中内填混凝土剪力墙的一种结构体系。钢框架与内填混凝土剪力墙之间采用剪力件连接，形成组合作用。钢框架的全部梁柱节点可采用半刚接，避免采用抗弯框架时对刚性节点转动能力提出要求。内填混凝土剪力墙既起到了抗侧力构件的作用，还起到了外围护结构或内隔墙结构的作用，非常适用于钢结构住宅。该结构体系具有下述优点：①梁柱可作为浇灌内填混凝土剪力墙的模板和支承，施工方便；②在设计水平荷载方面，内填混凝土剪力墙可承担几乎全部水平力，结构侧向刚度大，有利于抵抗风载和水平地震作用；③钢框架只负担全部竖向荷载和大部分倾覆弯矩，柱子主要受轴力，可降低用钢量；④由于钢板剪力墙稳定性不容易满足，设计中不得不采用厚板或加劲钢板墙方案，经济效果差，内填混凝土剪力墙可有效减少用钢量，降低造价；⑤极限状态时内填混凝土剪力墙局部破坏，抵抗水平力的能力减弱，结构侧向变形发展，使梁柱的连接发挥抵抗水平力的作用，结构仍有抗震的第二道防线，地震后，破坏的内填混凝土剪力墙容易修复。

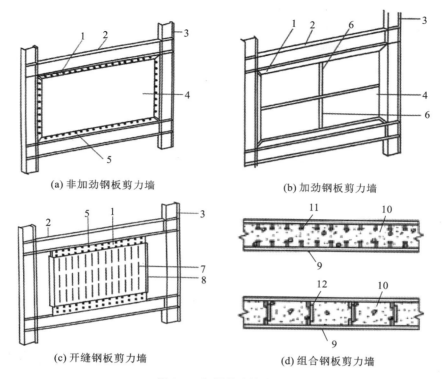

(a) 非加劲钢板剪力墙　　　　　　　(b) 加劲钢板剪力墙

(c) 开缝钢板剪力墙　　　　　　　(d) 组合钢板剪力墙

图 1.6　钢板剪力墙类型

1—连接件；2—框架梁；3—框架柱；4—钢板剪力墙；5—连接螺栓；6—加劲肋；
7—竖向切割缝；8—边缘加劲肋；9—外包钢板；10—预制混凝土盖板；11—对拉螺栓；12—缀板

2. 设计方法

1）钢板剪力墙结构设计方法

目前，钢板剪力墙结构的设计方法可参考现行行业标准《高层民用建筑钢结构技术规程》(JGJ 99—2015)和《钢板剪力墙技术规程》(JGJ/T 380—2015)。在装配式钢结构住宅中，因为建筑功能和施工的需要，往往采用非加劲的纯钢板剪力墙结构体系。对于非加劲钢板剪力墙，《钢板剪力墙技术规程》(JGJ/T 380—2015)给出了相应的设计方法。对于四边连接非加劲钢板剪力墙，可简化为混合杆系模型，采用一系列倾斜、正交杆代替非加劲钢板剪力墙；而两边连接非加劲钢板剪力墙则可简化为交叉杆模型，模型中的杆件为拉压杆，通过刚度等代的方法换算出拉压杆的截面尺寸，进行整体计算。

2）内填混凝土剪力墙结构设计方法

内填混凝土剪力墙结构属于一种较新颖的结构体系，国内一些相关的科研单位已经做了大量的理论分析和试验研究，形成了较完善的设计方法，行业标准《钢框架内填墙板结构技术规程》(JGJ/T 490—2021)也已经发布。

1.4.4　交错桁架结构

交错桁架结构体系也称错列桁架结构体系，主要适用于中层或高层住宅、宾馆、公寓办公楼、医院、学校等平面为矩形或由矩形组成的钢结构房屋。该结构将空间结构与高层结构有机地结合起来，能够在高层结构中获得 $300\sim400~\mathrm{m}^2$ 方形的无柱空间（见图1.7）。

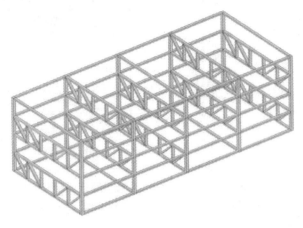

图1.7　交错桁架结构

1. 技术特点

(1)为建筑提供大开间。采用交错桁架结构的高层建筑能够获得 $300\sim400~\mathrm{m}^2$ 方形的无柱空间（见图1.8）。

(2)装配化程度高。首先，交错桁架体系的柱较少，因此节点较少；其次，桁架的上、下弦以受轴力为主，因此上、下弦与钢柱的连接可以采用铰接，减少了焊接量；最后，桁架高度一般为 3 m 左右（即建筑层高），因此可以在工厂制作然后整榀运输，现场拼装（见图1.9）。

图1.8　交错桁架结构大开间

图1.9　交错桁架吊装

(3)用钢量省。在 $10\sim20$ 层中层或高层的建筑中，交错桁架结构与传统框架-支撑结构相比，主体结构的用钢量减少 5%~10%。

(4)侧向刚度大。奇偶榀的叠加作用，使得结构在水平荷载作用下形成一个近似实腹式的悬臂梁，抗侧刚度非常大（见图1.10）。

2. 设计方法

交错桁架结构设计主要遵循现行行业标准《交错桁架钢结构设计规程》(JGJ/T 329—

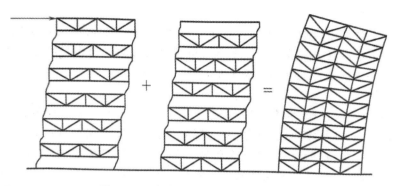

图 1.10　交错桁架体系抗侧受力模型

2015)的有关规定。该规程对交错桁架结构的设计做了较全面的规定,主要需要注意以下几点。

(1)交错桁架结构内力与位移可按弹性方法计算,采用混合架的交错桁架结构横向内力与位移计算可不计入二阶效应;纵向内力与位移计算应按现行国家标准《钢结构设计标准》(GB 50017—2017)的规定计入二阶效应。

(2)交错桁架结构除应验算楼面及屋面板在重力荷载作用下的承载力、变形外,还应验算其在桁架弦杆传来的横向水平力作用下的楼板平面内抗剪承载力及与弦杆间的连接承载力。

1.4.5　低层冷弯薄壁型钢结构

低层冷弯薄壁型钢结构是指以冷弯型钢为主要承重构件的结构。冷弯薄壁型钢由厚度为 1.5~5 mm 的钢板或带钢,经冷加工(冷弯、冷压或冷拔)成型,同一截面部分的厚度都相同,截面各角顶处呈圆弧形。在公建和住宅中,可用薄壁型钢制作各种屋架、刚架、网架、檩条、墙梁、墙柱等结构和构件(见图 1.11 和图 1.12)。

图 1.11　冷弯薄壁型钢住宅

图 1.12　冷弯薄壁型钢厂房

1. 技术特点

低层冷弯薄壁型钢结构竖向荷载由承重墙体的立柱承担,水平荷载或地震作用由抗剪墙承担。结构设计可分别在结构的两个主轴方向施加水平荷载的作用。每个方向的水平荷载由该方向抗剪墙承担。可根据抗剪刚度大小按比例分配,并考虑窗洞口对墙体抗剪刚度的削弱作用。

该结构类型适用于层数不大于 3 层、檐口高度不大于 12 m 的低层房屋建筑（住宅）。该类建筑的层数限制在 3 层及以下是基于我国建筑设计防火的相关规定以及冷弯薄壁型钢房屋建筑的构件燃烧性能和耐火极限确定的。

2. 设计方法

国家标准《冷弯薄壁型钢结构技术规范》（GB 50018—2002）对各类构件的设计计算方法作了详细规定，行业标准《低层冷弯薄壁型钢房屋建筑技术规程》（JGJ 227—2011）对设计和施工进行了系统规定。低层冷弯薄壁型钢房屋一般建筑高度不大、建筑宽度较小，水平位移较小，不需要进行整体稳定性计算。墙体立柱应按压弯构件验算其强度、稳定性和刚度；屋架构件应按屋面荷载的效应验算其强度、稳定性及刚度；楼面梁应按承受楼面竖向荷载的受弯构件验算其强度和刚度。楼面梁宜采用冷弯卷边槽型钢，跨度比较大时，也可采用冷弯薄壁型钢桁架。屋盖构件之间宜采用螺钉可靠连接。

1.4.6 其他新型结构体系

随着装配式钢结构建筑的发展，尤其是钢结构住宅项目的增多，出现了一批新型结构体系，大体可以分为两类：一种是对原有钢结构体系进行优化、扩展，采用型钢组合构件或钢-混凝土组合构件，使钢结构构件适应钢结构住宅户型布置的要求，解决或部分解决室内梁柱外凸的问题；另一种是为了提升装配施工速度，解决现场焊接量大的问题，而产生的全螺栓连接结构。

1. 技术特点

新型结构体系很多，本部分只针对下述两类进行举例说明。

（1）组合钢板剪力墙结构。由周围钢板及内部混凝土组合而成的剪力墙结构（见图 1.13），能像混凝土剪力墙结构一样，实现比较自由的户型设计，并且可以解决钢结构住宅中室内梁柱外凸的问题。构成组合钢板剪力墙的方式有两种：一种是由型钢（例如冷弯 C 形钢、热轧及高频焊接 H 形钢）拼接而成；另外一种是由两块钢板和中间拉结件组合而成。

（2）半刚接钢框架结构。半刚接钢框架结构以端板式半刚接框架（抗侧力不够时增加其他抗侧力构件）结构为主。半刚接的梁柱节点有很多优势：首先，半刚性连接由于通过端板的弯曲塑性变形产生转动，因此极限层间位移角能够超过规范要求的 0.02 rad；其次，半刚性连接很容易达到"强柱弱梁"的要求；最后，通过螺栓连接可以做到现场无焊接，减少人工成本，并大大加快了建设速度。为了安装方便，半刚接钢框架多采用 H 形柱。在较高的建筑中，为了提高钢柱的承载力，也可采用特殊手段实现箱形截面柱的梁柱半刚接连接（见图 1.14）。

2. 设计方法

对于现行规范没有规定的新型结构体系的设计方法，可以根据现行国家标准《装配式钢结构建筑技术标准》（GB/T 51232—2016）的规定，以专项评审的方式进行施工图审查。

对于型钢拼接而成的组合钢板剪力墙，如果不考虑剪力墙中间肋的承载力，可以参照《钢板剪力墙技术规程》（JGJ/T 380—2015），但如果要考虑中间肋的承载力，需要进行相

图 1.13　组合钢板剪力墙

图 1.14　半刚接钢框架

关评审。

当采用 H 形柱时,半刚接节点的刚度及承载力可以根据《端板式半刚性连接钢结构技术规程》(CECS 260:2009)的规定进行设计。若采用箱形截面柱,设计半刚接节点时可进行专项评审。

1.5　装配式钢结构建筑的楼板与楼梯

装配式钢结构建筑的楼板一般采用装配化程度较高的钢筋桁架楼承板组合楼板、预制混凝土叠合楼板及预制预应力混凝土空心楼板等,楼梯可采用装配式混凝土楼梯或钢楼梯,无论采用哪种楼梯,楼梯与主体结构宜采用不传递水平作用的连接形式。

1. 技术特点

钢筋桁架楼承板组合楼板具有安装方便、质量轻、运输成本低等优点。如果房间做吊顶,一般底模不用拆除,此时可用传统的金属薄板作为底模,也可以用非金属材料作为底模,这样可以用螺栓、卡扣等连接方式将底板与钢筋桁架进行固定,待混凝土浇筑完成后可以方便地拆除底模。这种底模可拆的钢筋桁架楼承板组合楼板更适合用于住宅中不做吊顶的区域(见图 1.15)。

预制混凝土叠合楼板具有底面平整、跨度大等优点,一般可分为非预应力混凝土叠合板及预应力混凝土叠合板(PK 板)两种(见图 1.16 和图 1.17),并且可以根据具体条件做成单向板或双向板,也可以做密缝拼接和宽缝拼接。

预制预应力混凝土空心楼板(SP 板)可作为全装配式的楼板,但一般为了使用起来整体性更好,会在楼板上浇筑现浇层,并增设钢筋网片进行增强。

2. 设计方法

不同楼板类型的设计使用高度应符合《装配式钢结构建筑技术标准》(GB/T 51232—2016)的规定。混凝土叠合板的设计应按《装配式混凝土结构技术规程》(JGJ 1—2014)及《预制带肋底板混凝土叠合楼板技术规程》(JGJ/T 258—2011)执行,预制预应力混凝土空

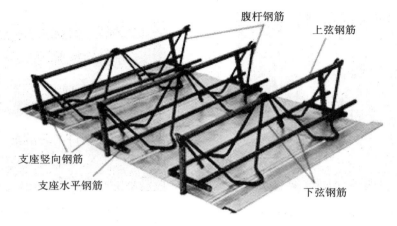

图 1.15　钢筋桁架楼承板组合楼板

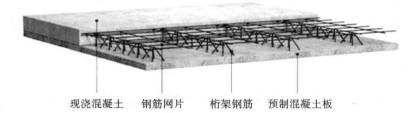

图 1.16　非预应力混凝土叠合板

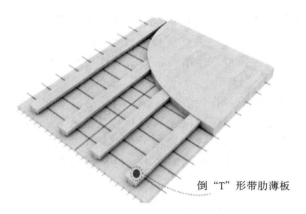

图 1.17　预应力混凝土叠合板

心楼板的设计应按《预应力混凝土空心板》(GB/T 14040—2007)执行,并应注意以下几点。

(1)楼板应与主体结构可靠连接,保证楼盖的整体牢固性。抗震设防烈度为 6 度、7 度且房屋高度不超过 50 m 时,可采用装配式楼板(全预制楼板)或其他轻型楼盖,但应采取加设楼板面内支撑、加强板缝连接等措施保证楼板的整体性。

(2)装配整体式(带有叠合层的)楼板一般可按全现浇楼板进行设计,但建筑的最大使用高度应有所降低。

1.6　装配式钢结构建筑的外围护系统

外围护系统是钢结构建筑的重要组成部分,应根据如下要求选择合适的外围护墙板并进行设计。

(1)满足外围护系统的性能要求,主要为安全性、功能性和耐久性等。

(2)墙板尺寸规格、轴线分布、门窗位置和洞口尺寸等应进行标准化设计,同时还应考虑外墙板及屋面板的制作工艺、运输及施工安装的可行性。

(3)屋面围护系统应满足支承要求。

(4)外墙围护系统的连接、接缝,门窗洞口等部位的构造节点,空调室外及室内机、遮阳装置、空调板太阳能设施、雨水收集装置及绿化设施等重要附属设施的连接节点应重点设计。

1.6.1　外围护墙板的主要类型

装配式钢结构建筑的外围护系统具有重量轻的优点,与传统建筑相比,装配式钢结构建筑的外围护系统更容易实现标准化设计、工厂化生产、装配化施工、饰面墙体一体化和信息化管理。但要实现这些预期的目标,装配式钢结构建筑需要更加周密的前期策划、图纸和技术准备,以解决技术衔接等问题。

我国目前比较成熟的装配式钢结构建筑的外围护系统主要类型见表1.1。

表 1.1　外围护系统主要类型

预制外墙 (无骨架)	整间板体系	预制混凝土 外墙板	普通型		预制混凝土保温夹芯外挂墙板
			轻质型		蒸压加气混凝土板
		拼装大板			在工厂完成支承骨架的加工与组装、面板布置、保温层
	条板体系	预制整体条板	混凝土类	普通型	硅酸盐水泥混凝土板
					硫铝酸盐水泥混凝土板
				轻质型	蒸压加气混凝土板
					轻集料混凝土板
			复合类		阻燃木塑外墙板
					石塑阻燃木塑外墙板
		复合夹芯条板			面板+保温夹芯层外墙板
现场组装					金属骨架组合外墙体系
					木骨架组合外墙体系
建筑幕墙					玻璃幕墙
					金属幕墙
					石材幕堵
					人造板幕墙

外围护系统的材料多种多样，施工工艺和节点构造也不尽相同，不同类型的外围护系统具有不同的特点。按照外围护系统在施工现场有无骨架组装的情况可分为预制外墙类、现场组装类、建筑幕墙类；按外墙板的保温形式可分为单一材料墙体、内保温复合墙体、外保温复合墙体与保温夹芯复合墙体四类；按安装方式可分为外挂式和嵌挂结合式。

1.6.2 装配式钢结构建筑外围护系统的性能要求

外围护系统的材料多种多样，施工工艺和节点构造也不尽相同，应根据不同种材料特性、施工工艺和节点构造特点明确具体的性能要求。性能要求主要包括安全性要求、功能性要求和耐久性要求等。

1. 安全性要求

安全性要求是指关系到人身安全的关键性能指标，对于装配式钢结构建筑外围护体系而言，应符合基本的承载力要求、防火要求，具体可以分为抗风性能、耐撞击性能以及防火性能等。外墙板应采用弹性方法确定承载力与变形，并明确荷载及作用效应组合。在荷载标准组合作用下，外墙板不能因主体结构的弹性层间位移而发生塑性变形、开裂及脱落；主体结构层间位移角达到 1/100 时，外墙板不应发生掉落。

（1）抗风性能中的风荷载标准值应符合现行国家标准《建筑结构荷载规范》（GB 50009—2012)中有关外围护系统风荷载的规定，并可参照现行国家标准《建筑幕墙》（GB/T 21086—2007)的相关规定，同时应考虑阵风情况下的荷载效应。

（2）耐撞击性能应根据外围护系统的构成确定。对于幕墙体系，可参照现行国家标准《建筑幕墙》（GB/T 21086—2007)中的相关规定，撞击能量最高为 900 J，降落高度最高为2 m，试验次数不小于 10 次，同时试件的跨度及边界条件必须与实际工程相符。除幕墙体系外的外围护系统，应提高耐撞击的性能要求。外围护系统的室内外两侧装饰面，尤其是类似薄抹灰做法的外墙保温饰面层，还应明确抗冲击性能要求。

（3）防火性能应符合现行国家标准《建筑防火通用规范》（GB 55037—2022)中的相关规定，试验检测应符合现行国家标准《建筑构件耐火试验方法　第 1 部分：通用要求》（GB/T 9978.1—2008)、《建筑构件耐火试验方法　第 8 部分：非承重垂直分隔构件的特殊要求》（GB/T 9978.8—2008)的相关规定。

2. 功能性要求

功能性要求是指作为外围护体系应该满足居住使用功能的基本要求，具体包括水密性能、隔声性能及热工性能等。

（1）水密性能包括外围护系统中基层板的不透水性以及基层板、外墙板或屋面板接缝处的止水、排水性能。对于建筑幕墙系统，应参照现行国家标准《建筑幕墙》（GB/T 21086—2007)中的相关规定。

（2）隔声性能应符合现行国家标准《民用建筑隔声设计规范》（GB 50118—2010)的相关规定。

（3）热工性能应符合国家现行标准《公共建筑节能设计标准》（GB 50189—2015)、《严寒和寒冷地区居住建筑节能设计标准》(JGJ 26—2018)、《夏热冬冷地区居住建筑节能设计标准》(JGJ 134—2010)、《夏热冬暖地区居住建筑节能设计标准》(JGJ 75—2012)的相关规定。

3. 耐久性要求

耐久性要求直接影响到外围护系统使用寿命和维护保养时限。不同的材料,对耐久性的性能指标要求也不尽相同。经耐久性试验后,还需对相关力学性能进行复测,以保证使用的稳定性。对于以水泥基类板材作为基层板的外墙板,应符合现行行业标准《外墙用非承重纤维增强水泥板》(JG/T 396—2012)的相关规定,满足抗冻性、耐热性能、耐雨水冲刷性能以及耐干湿性能的要求。

1.6.3 与结构主体的连接方式

装配式钢结构建筑的外墙安装形式主要包括外挂式安装和内嵌式安装。

1. 外挂式安装

外挂式安装多用于板材类墙体材料安装,具有施工速度快、技术含量高的特点,能够很好地降低钢结构构件挠度变形对墙体造成破坏的影响。此外,板与板之间采用同一种材料,连接相对较为容易。同时墙板包裹钢结构构件,建筑外墙平整,易于装饰且不易形成冷桥。但是外挂式墙体安装也存在下列缺点:墙板的构造材料要求较高,导致墙体造价相对较高;外墙体不用来做承重结构,自重全部传到连接构件上,连接构件的强度要求相应增大,尤其是严寒地区的墙体,厚度及自重较大,就更需要注意;由于需要较多专用金属连接件,造价会比较高;由于墙板在结构构件外侧,室内会露梁、露柱。

2. 内嵌式安装

内嵌式安装多用于板材类墙体。安装时,现场施工量较大,无法完全包裹住钢结构梁柱系统,易形成冷热桥,因此要进行二次包裹。但是,同时需要注意到钢结构构件在承受荷载时挠度变形较大,会对内嵌式墙体产生破坏,易造成楼板与墙板的接缝处漏雨和渗水,为雨水提供通道,影响楼下居民的使用。

装配式钢结构建筑外墙系统构造中的重点和难点在于连接和接缝的处理,需要处理多种类型的接缝。

1.6.4 主要类型板材设计要点

1. 蒸压加气混凝土板

单一材质外墙板由于保温性能和力学性能难以兼顾,大多数情况下用于建筑室内隔墙。外墙应用较多的主要是蒸压加气混凝土板(ALC 板)。ALC 板是以水泥、石灰等无机材料作为原材料,并由钢筋增强,经过高温、高压、蒸汽养护制成的多孔混凝土板材(见图1.18)。

此种板材以硅砂、水泥和生石灰、石膏进行混合搅拌,再加入少量铝粉制成浆料,注入装有经过防锈镀膜处理钢筋网片的模具,经过发泡、静置获得初期强度后,再经高温高压

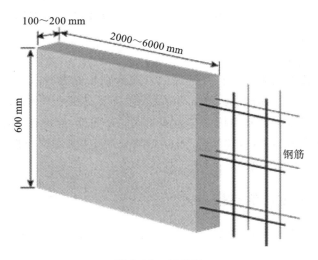

图 1.18 ALC 板

蒸汽养护而成。由于发泡及高温蒸养,板材内部形成很多封闭的小孔,在减小材料密度的同时使板材具有良好的保温性能。发泡过程中产生的闭口式孔隙可以有效地防止雨水、潮气的渗透,同时微气孔具有一定的隔声效果,内部设置的钢筋网片令板材具有足够的强度抵抗风荷载和撞击力。

1)连接构造

ALC 板与墙体、梁或柱的连接有螺栓固定工法、插入钢筋法、滑动工法、摇摆工法等,具体见表 1.2。

表 1.2 ALC 板安装连接方法　　　　　　　　　　（单位:mm）

名称	连接方法	示意图
螺栓固定工法	通过贯穿板材的螺栓将板材固定于结构构件上	M12钩头螺栓@600　≥100　细石混凝土填缝　专用支承件A　50/200　L 63×6通长　30厚弹性材料嵌缝　钢梁　M12钩头螺栓@600　30

名称	连接方法	示意图
插入钢筋法	在外墙加气混凝土墙板十字交接缝处布设专用托板承载加气混凝土墙板,同时在此处的竖直缝内部布置上下连接两块加气混凝土墙板的专用接缝钢筋,防止板缝开裂	

名称	连接方法	示意图
滑动工法	与竖装墙板插入钢筋法相类似,但是接缝钢筋并不贯穿上下两块加气混凝土墙板,而是断开的,更接近于柔性连接	

名称	连接方法	示意图
摇摆工法	墙板摇摆工法是由日本设计开发出的一种新型的加气混凝土外墙板安装固定方式,其特点是可承受的层间位移角大,安装施工简洁、快速,但造价较高	

2)板缝处理

ALC 板的板缝处理已具有较为成熟的做法,外墙板外侧板缝做法见表 1.3,外墙板内侧板缝做法见表 1.4。

表 1.3　外墙板外侧板缝做法　　　　　　　　（单位:mm）

部位		构造做法示意图
一般抹灰墙面板缝	明缝	
	暗缝	

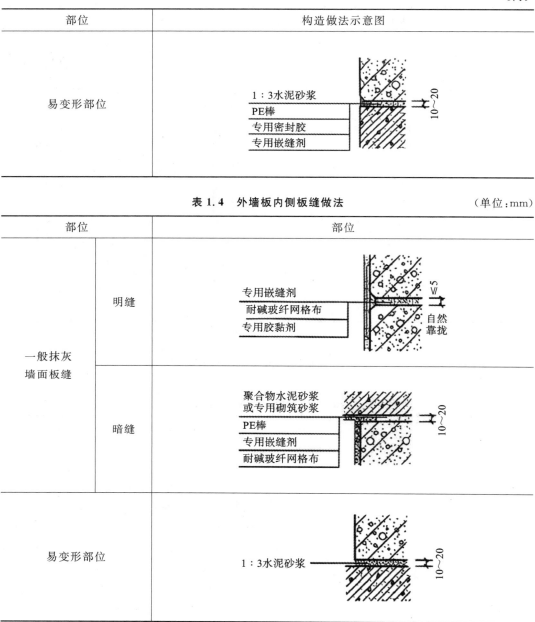

表 1.4　外墙板内侧板缝做法　　　　　　　（单位:mm）

3)选用要点

(1)ALC 板外墙热工性能。

加气混凝土应用在具有保温隔热和节能要求的围护结构中时,应根据建筑物性质、地区气候条件、围护结构构造形式,合理地进行热工设计。当保温、隔热和节能设计要求的厚度不同时,应采用其中的最大厚度。

加气混凝土外墙和屋面的隔热性能应符合现行国家标准《民用建筑热工设计规范》

（GB 50176—2016）的有关规定。单一加气混凝土围护结构的隔热厚度可按表1.5采用。

表1.5 单一加气混凝土围护结构隔热厚度

围护结构类别	隔热厚度/mm
外墙（不包括内外饰面）	175～200
屋面板	250～300

建筑的外墙节能设计应满足国家节能规范的要求。外墙可采用蒸压加气混凝土板外敷保温材料的复合墙体，也可为单独的蒸压加气混凝土板外墙。板材厚度可按经济性的原则、节能的要求、外墙的保温形式以及热工计算的结果选定。

（2）ALC板的构造要求。

蒸压加气混凝土外墙板应设构造缝，外墙板的室外侧缝隙应采用专用密封胶密封，室内侧板缝应采用嵌缝剂嵌缝；蒸压加气混凝土板作为外围护结构采用内嵌方式时，在严寒、寒冷和夏热冬冷地区，外墙中的梁、柱等热桥部位外侧应做保温处理；板材与其他墙、梁、柱、顶板接触连接时，端部须留10～20 mm缝隙，应用聚合物或发泡剂填充，有防火要求时应用岩棉填塞；门窗洞口应满足建筑构造、结构设计及节能设计要求，门窗安装应满足气密性要求及防水、保温的要求，外门、窗框或附框与墙体之间应采取保温及防水措施；门窗洞口上端可采用聚合物砂浆抹滴水线或鹰嘴，也可采用成品滴水槽，窗台外侧聚合物砂浆抹面做坡度。

2. 预制钢筋混凝土夹芯保温外墙板

预制钢筋混凝土夹芯保温外墙板是一种自承重围护构件，由内叶板、保温板、外叶板以及连接件组成。内叶板结构受力由计算确定，可根据工程设计需要参与抗震计算；中间为保温层，通常采用EPS或XPS，保温层厚度可以根据当地节能要求调节。外叶板仅起到保护作用，一般为50 mm厚，可在工厂做成清水、涂料、贴砖、石材等多种效果，内叶板和外叶板通过纤维增强复合塑料制成的FRP连接件连接固定（见图1.19）。

1）与主体结构连接

预制钢筋混凝土夹芯保温外墙板与梁、柱或剪力墙主要采用外挂式和侧连式两种连接方式。在钢结构建筑中主要采用外挂式。外挂式指外墙上边与梁连接，侧边和底边仅做限位连接。

2）板缝处理

外墙板接缝渗水问题是装配式外墙技术难点之一。20世纪90年代初，北京的大板住宅退出市场的重要原因就是外墙漏水。预制混凝土夹芯保温外墙板的竖缝有构造防水和材料防水两道设防。设置空腔构造可使垂直缝防水材料内侧形成上下贯通的透气孔，并在顶层女儿墙设透气管及三层底部设置排水管引出空腔内积水，在墙板外侧板缝嵌入密封胶，阻止雨水侵入（见图1.20）。

横缝同样有构造防水和材料防水两种方式，在预制外墙板侧面设置企口，切断水流通路，利用重力作用排除雨水，在上下板缝处嵌入密封胶，阻止雨水侵入（见图1.21）。

3. 轻钢龙骨复合外墙板

轻钢龙骨复合外墙板是由基础板通过锚栓固定于轻钢龙骨外侧，菱镁板固定于轻钢

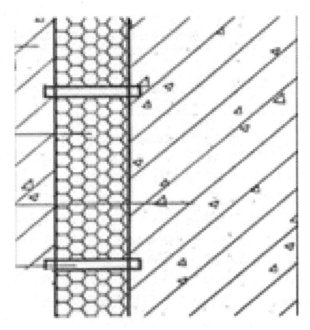

图 1.19　预制钢筋混凝土夹芯保温外墙板

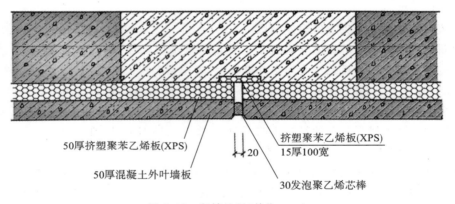

50厚挤塑聚苯乙烯板(XPS)

50厚混凝土外叶墙板

挤塑聚苯乙烯板(XPS)
15厚100宽

30发泡聚乙烯芯棒

图 1.20　竖缝处理(单位:mm)

龙骨内侧,龙骨间填充岩棉保温的复合墙板。

1)连接构造

轻钢龙骨复合外墙板一般采用外挂方式与主体结构连接。墙板上部为承重节点,采用螺栓连接;墙板下部为非承重节点,墙板中的预制螺栓与楼板上的角钢连接,角钢上是竖向长条形孔,同样可以实现竖向滑动。

2)板缝处理

连接节点设计简单,构件较少,板缝处理难度相对较小。

(1)横缝。

轻钢龙骨复合外墙板横缝有材料防水和构造防水两种方式。地板上设有企口,在企口内填充成品胶条、密封胶、聚氨酯发泡胶,用砂浆填充并涂抹防水材料。

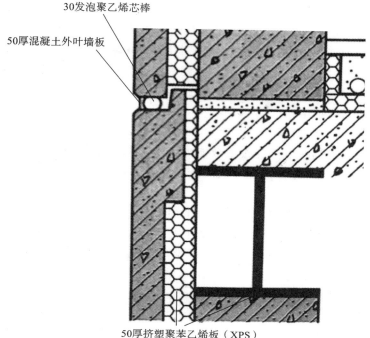

30发泡聚乙烯芯棒

50厚混凝土外叶墙板

50厚挤塑聚苯乙烯板（XPS）

图 1.21 横缝处理（单位：mm）

（2）竖缝。

轻钢龙骨复合外墙板竖缝也有构造防水和材料防水两种方式。墙板两侧设有企口,阻断了水流通路,企口内填充成品胶条和聚氨酯发泡胶,在室内侧和室外侧均用密封胶密封。

3）选用要点

（1）高度限制。

外围护组合墙体单元的高度不宜大于一个层高,并应符合下列要求：

①采用 120 mm 厚外围护墙板的组合墙体单元高度不应大于 3.6 m；

②采用 150 mm 厚外围护墙板的组合墙体单元高度不应大于 4.2 m；

③采用 200 mm 厚外围护墙板的组合墙体单元高度不应大于 4.8 m。

（2）防水构造。

组合墙体单元接缝及门窗洞口等防水薄弱部位宜采用材料防水和构造防水相结合的做法,并应符合下列规定：

①组合墙体单元间的水平接缝宜采用高低缝或企口缝构造；

②组合墙体单元间的竖缝可采用平口或槽口构造；

③当板缝空腔需设置导水管排水时,板缝内侧应增设气密条密封构造。

（3）嵌缝设置。

组合墙体单元间的接缝采用材料防水时,应采用防水性能可靠的嵌缝材料,并应符合下列要求。

①接缝宽度设计应满足在热胀冷缩及风荷载、地震作用等外界环境的影响下,其尺寸变形不会导致密封胶的破裂或剥离破坏。在设计时应考虑接缝的位移,确定接缝宽度,使

其满足密封胶最大容许变形率的要求。

②接缝宽度应控制在 6～20 mm；接缝胶深度应控制在 8～15 mm。

③接缝所用的密封材料应选用耐候性密封胶，耐候性密封胶与墙板的相容性、低温柔性、最大伸缩变形量、剪切变形性、防霉性及耐水性等均应根据设计要求选用。

④采用密封胶条接缝的组合墙体单元之间，十字接头部位的纵、横密封胶条交叉处应采取必要的防水密封措施。

（4）承载力要求。

组合墙体单元及连接节点在按承载能力极限状态设计和按正常使用极限状态验算时，应考虑组合墙体自重（含窗重）、风荷载、地震作用及温度应力等荷载作用的最不利组合。

装配式外围护墙体及其支承结构组成的建筑物外围护结构体系，主要承受自重以及直接作用于其上的风荷载、地震作用、温度作用等，不分担主体结构承受的荷载和（或）地震作用。非抗震设计时，承受重力荷载、风荷载和温度作用；抗震设计时，还要考虑地震作用。各种构件产生的内力（应力）和变形不同，情况比较复杂，但均应满足承载力极限状态和正常使用极限状态的要求。

4. 整体灌浆墙

整体灌浆墙是由轻钢龙骨作为支撑骨架，龙骨两侧采用纤维水泥板，中间一边填充岩棉，另一边泵入胶粉聚苯颗粒而形成的复合整体式实心墙体（见图1.22）。整体灌浆墙的横竖龙骨采用开孔式龙骨，可以缓解冷桥的影响（见图1.23）。整体灌浆墙具有较好的保温性能、防火性能和隔声性能。

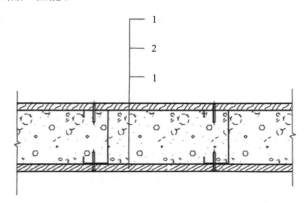

图 1.22　整体灌浆墙
1—水泥纤维板；2—胶粉聚苯颗粒

整体灌浆墙在现场拼装而成，采用半内嵌式安装。施工时，先在层间安装轻钢龙骨，完成后在轻钢龙骨侧安装板，而后填充岩棉板，安装另一侧板，最后浇灌胶粉聚苯颗粒。此外，应采取有效措施确保浇筑密实，避免孔洞影响外墙的防水和隔声效果。

1）与主体结构连接

整体灌浆墙是采用轻钢龙骨作为骨架支撑，地龙骨的连接和天龙骨与钢梁的连接的方式见图1.24和图1.25。

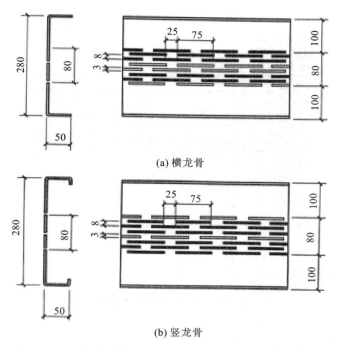

(a) 横龙骨

(b) 竖龙骨

图 1.23　开孔龙骨（单位：mm）

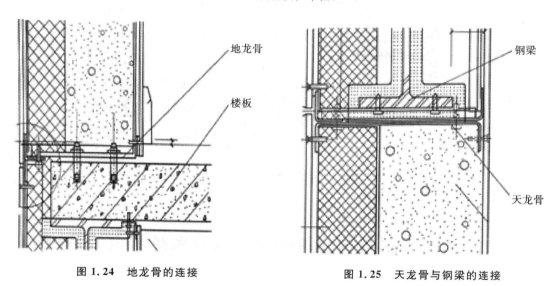

图 1.24　地龙骨的连接　　　　　　**图 1.25　天龙骨与钢梁的连接**

　　整体灌浆墙虽然是内嵌式安装，但是通过产品的设计，采用外包楼板的方式，可以解决楼板和钢梁易形成冷桥、板缝不易处理的问题（见图 1.26）。

　　2）板缝处理

　　由于采用外包楼板和钢梁的方式，板缝处理近似于外挂式，处理相对容易。在板缝处，先在角钢上固定钢制平行接头，而后粘贴 2 mm 自粘胶条，最后在板缝打入密封胶密封（见图 1.27）。

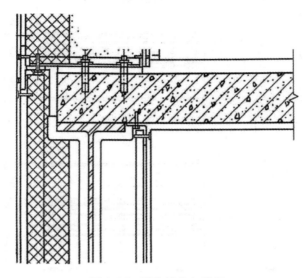

图 1.26 灌浆墙外包楼板

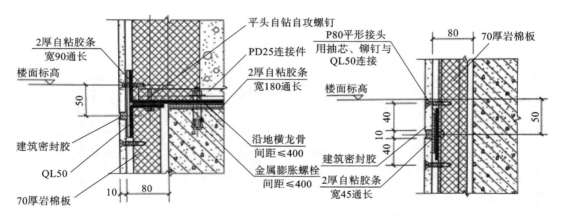

图 1.27 板缝处理(单位:mm)

1.7 装配式钢结构建筑的设备管线系统与内装系统

1.7.1 设备管线系统

  装配式钢结构建筑的设备管线系统包括给水排水系统、供暖与通风空调系统、供配电系统,这三大设备管线系统设计的主要内容及要求与传统结构形式建筑的设备管线系统设计大致相同,均应符合国家和地方相关标准规范的规定。除此之外,装配式钢结构建筑还应执行装配式建筑各项技术规范的规定。装配式钢结构建筑因其建筑结构方面的特性,其设备管线系统与传统结构形式建筑的设备管线系统又有一些不同之处,设计时注意以下几点。

(1)装配式钢结构建筑的设备管线宜采用集成化技术、标准化设计,各种设备管线的预埋管宜定型、定长、定位,以便预制。

(2)不应在预制构件安装后凿剔沟槽、开孔、开洞。机电设备的布置应与主体结构、外围护系统、内装系统相协调,做好预留预埋。

(3)除预埋管线外,其余设备管线宜在架空层或吊顶内设置,排水管道宜采用同层排水技术。采用集成式卫生间或采用同层排水架空地板时,不宜采用地板辐射供暖系统。

(4)应做好各设备管线的综合设计工作,减少管线交叉,有条件时宜采用建筑信息模型(BIM)技术,与结构系统、外围护系统等进行一体化设计。

(5)管道与管线穿过钢梁、钢柱时,应与钢梁、钢柱上的预留孔留有空隙,或空隙处采用柔性材料填充;当穿越防火墙或楼板时,应设置不燃型的套管,管道与套管之间的空隙应采用不燃、柔性材料填封。

(6)防雷引下线和共用接地装置应充分利用钢结构自身作为防雷接地装置。构件连接部位应有永久性明显标记,其预留防雷装置的端头应可靠连接。

(7)钢结构基础应作为自然接地体,当接地电阻不满足要求时,应设人工接地体。

(8)接地端子应与建筑物本身的钢结构金属物连接。

1.7.2 内装系统

我国现阶段采用以传统湿作业为主的装修方式,多采用手工劳动,工作效率低下,质量参差不齐,造成大量的资源与能源浪费,每年产生的数以亿万吨的建筑垃圾对环境造成巨大污染。同时在装修中经常出现业主擅自敲掉承重墙和更改排水管线等不顾房屋结构与安全的行为,给住宅的质量和抗震等方面带来隐患,影响着建筑物的使用寿命。劣质建材的使用对住户健康安全造成的损害更是难以预计,装修方式需向干式施工的方向转变。

1. SI 技术体系

SI 技术体系是以保证住宅全寿命期内质量性能的稳定为基础,通过支撑体(skeleton)和填充体(infill)的分离来提高住宅的居住适应性和全寿命期内的综合价值。采用 SI 技术体系的住宅可针对不同的家庭结构以及使用需求的变化,对住宅内部空间进行自由分离。支撑体是住宅的躯体,由共用设备空间所组成,具有高耐久性,是住宅长寿化的基础。填充体由各住户的内部空间和设备管线所组成,通过与支撑体分离,实现其灵活性、可变性(见图 1.28)。

1)支撑体与填充体分离技术

(1)耐久性支撑体 S——主体。

主体结构部分应具有高耐久性,在住宅设计、建造及使用等各个环节均可采取一定的措施来提高主体结构的耐久性,如增加混凝土保护层厚度或提高混凝土强度。

(2)可变性支撑体 I——内装。

应保证主体结构不可变部分布置为大空间形式,通过设置轻质隔断以便内部空间灵

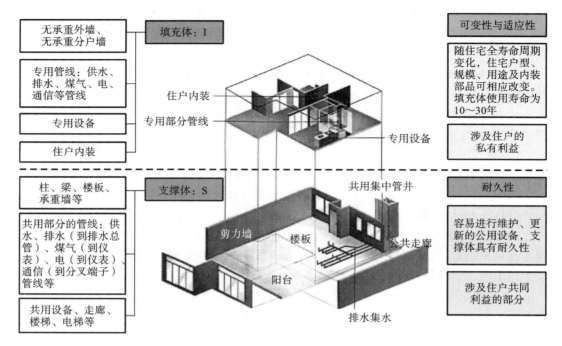

图 1.28　支撑体与填充体分离技术体系

活布置。居住者可以根据自己的喜好或者家庭需求的变化自由划分。

2）填充体整体技术解决方案

（1）分隔式内装整体技术解决方案。

主要包括以正六面体分离技术为核心的架空地板、架空吊顶、架空墙体和轻质隔墙，其各部分形成的架空层内可以布置设备管线等，是实现 SI 住宅设备管线分离的载体。

（2）分离式设备管线整体技术解决方案。

包括给水排水系统、暖通系统、电气系统三大系统的分离。采用分集水器技术、同层排水技术实现给水排水管线的分离；采用干式地暖技术、烟气直排技术实现暖通管线的分离；采用带式电缆技术、架空层配线技术实现电气管线的分离。

（3）模块化部品整体技术解决方案。

包括整体厨房、整体卫浴、整体收纳三大模块化部品技术。部品采用一体化设计、工厂标准化制造、现场装配的方式实现住宅产品的高品质、高效率装修。

2. 装配式内装部品技术体系

1）模块化部品整体技术体系

（1）整体厨房部品技术体系。

整体厨房部品是由工厂生产的具有炊事活动功能的空间，包含整体橱柜、炊事灶具、吸油烟机等设备和管线组装成独立功能单元的内装部品模块。整体厨房具有装配效率高、环保节能、质量易控等优点（见图 1.29）。

（2）整体卫浴部品技术体系。

整体卫浴部品是以防水底盘、墙板、顶盖构成整体框架，配上各种功能洁具形成的独

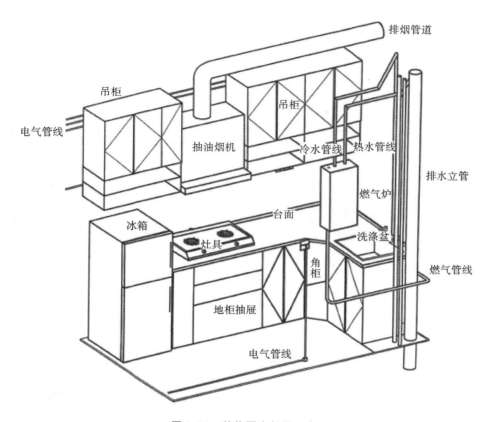

图1.29 整体厨房部品示意

立卫生单元部品模块,具有洗浴、洗漱、如厕三项基本功能或其功能之间的任意组合(见图1.30)。

(3)整体收纳部品技术体系。

整体收纳部品是由工厂生产、现场装配的满足不同套内功能空间分类储藏要求的基本单元化部品模块(见图1.31)。

2)集成化部品技术体系

(1)架空地板部品技术体系。

架空地板部品技术体系是指地板下面采用树脂或金属地脚螺栓支撑。架空空间内可以敷设给水排水等设备管线,在管线接头处安装分水器,设置方便管道检查的检修口(见图1.32和图1.33)。

(2)架空吊顶部品技术体系。

架空吊顶部品技术体系可采用轻钢龙骨吊顶等多种吊顶板形式,吊顶内部架空空间可以布置给水管、电线管、通风管道等(见图1.34)。

(3)架空墙体部品技术体系。

架空墙体部品技术体系是指墙体表层采用精贴树脂螺栓或固定轻钢龙骨,外贴石膏板,实现贴面墙效果。通过铺贴石膏板材进行找平,裂痕率较低,且壁纸粘贴方便快捷(见图1.35)。

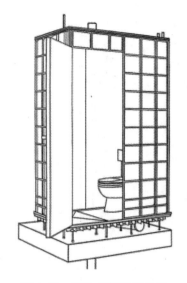

图 1.30　整体卫浴部品示意

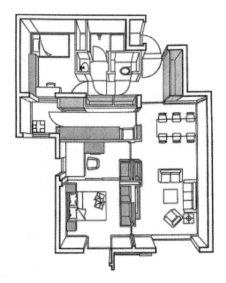

图 1.31　整体收纳部品示意

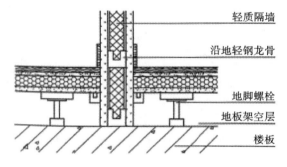

图 1.32　一般架空地板部品示意

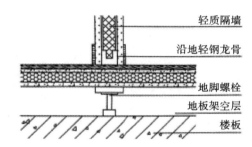

图 1.33　SI 住宅体系架空地板部品示意

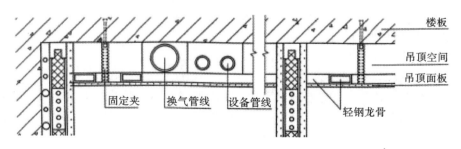

图 1.34　架空吊顶部品示意

（4）轻质隔墙部品技术体系。

轻质隔墙部品技术体系可灵活分隔空间，龙骨架空层内可敷设管线及设备等（见图 1.36）。

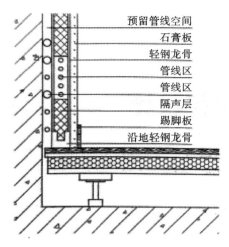

图 1.35　架空墙体部品示意

预留管线空间
石膏板
轻钢龙骨
管线区
管线区
隔声层
踢脚板
沿地轻钢龙骨

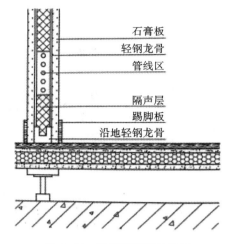

图 1.36　轻质隔墙部品示意

石膏板
轻钢龙骨
管线区
隔声层
踢脚板
沿地轻钢龙骨

2 钢结构深化设计

2.1 钢结构深化设计概述

2.1.1 深化设计的概念

我国钢结构施工图纸的设计分为两个阶段：钢结构设计阶段和钢结构深化设计阶段。钢结构深化设计应满足深化后的图纸可直接指导钢结构构件的加工、组对、焊接、涂装、标识、安装等要求，且深化设计应由具有相应资质的钢结构制造企业或委托设计单位完成。

随着计算机仿真模拟技术在建筑领域的发展，设计者可依托专业深化设计软件平台，建立三维实体模型，进行碰撞校核、节点计算校核等，并生成钢构件制作、安装图纸及各类工程报表。钢结构深化设计模型可与 BIM 相结合，实现了模型信息化共享，使深化设计由传统的"二维放样出图"延伸到建筑施工管理的全过程。钢结构深化设计是一项通过依照设计图及技术文件搭建的钢结构深化模型，生成直接指导钢结构制作和安装的深化图及各类建筑信息、材料信息、设计信息、加工信息、施工信息等，以协助施工项目全周期管理控制的工作。

2.1.2 深化设计的依据

钢结构深化设计应根据结构设计文件和有关技术文件进行编制，并应经原设计单位确认。当需要进行节点设计时，节点设计文件也应该经原设计单位的确认。

进行施工阶段深化设计时，相应的设计指标应符合设计文件、现行国家标准《钢结构设计规范》(GB 50017—2017)等的有关规定。钢结构施工及深化设计质量要求应不低于现行国家标准《钢结构工程施工规范》(GB 50755—2012)的有关规定。

1. 深化设计的设计图深度

一般包括设计依据、荷载资料、建筑抗震设防类别和设防标准、工程概况、材料选用和材料质量要求、结构布置、支撑布置、构件选型、构件截面和内力、结构的主要节点构造和主控尺寸等。

2. 深化设计的设计图内容

一般包括目录、总说明、柱脚锚栓布置图、平立面结构布置图、典型节点图、钢材截面及高强螺栓选用表等。

3. 深化设计的其他依据

若钢结构制作的加工厂及安装单位已经确定,则钢结构深化设计时,还要考虑工厂设备、预拼装场地及运输限制、施工安装现场实际情况等因素。如根据现场具备的机械设备起重能力及起重范围进行钢柱等分段设计。

2.1.3　深化设计的作用

1. 深化设计图纸及文件直接指导钢结构制作和安装

深化设计以钢构件为基本单元出图,使制造厂可以直接按深化设计详图进行加工制造和质量测控。对连接节点有差异的同类构件赋予不同的编号,并在深化布置图中体现,便于钢结构安装。若采用建模软件进行深化,可通过深化模型转化的 NC 文件、零件图形文件等,作为数控的加工设备、机械手臂等的直接运行指令。

2. 深化设计对结构设计进行优化

通过深化设计,及时发现结构无法施焊或碰撞等问题,提出有效解决方案将节点优化成更有利于现场安装、焊接的形式。在模型中可更直观地了解设计变更、材料替代等对钢结构整体的影响,有的放矢地提高效率。

3. 材料表单对工程量进行统计和分析

通过手动人工统计或利用软件模型生成各类报表(材料清单、螺栓清单等),对工程材料进行汇总分析,方便采购备料、用钢量统计、成本核算等,有利于业主、承包商等对工程材料的管理。

4. 与 BIM 模型相结合

采用深化设计软件建模,可将模型导入 Revit 等可视化平台,以显示各专业间的配合和冲突,及时解决问题(预埋件安装与施工顺序的影响等),保证工程质量,加快工程进度。BIM 模型方便业主对工程进行整体把握,也方便直观地调整设计,有利于及时发现不符之处,避免出错。同时可使业主、投资方、施工方、监督机构等获得建筑物更为直观、具体的概念。

5. 支持多用户协同操作,有利于业主对工期的管理

在 BIM 模型中生成施工日志,对深化模型中各个工期内的构件进行不同状态设置,使业主和施工方都能清晰了解工程进度,多方用户协同操作,增加信息互通。

2.2　钢结构深化设计内容

2.2.1　深化模型定义的基本要求

1. 模型方向

轴网、方向、标高必须与设计图一致。

2. 模型截面

①钢板:使用 PL * 截面;

②圆钢、螺纹钢:使用系统参数化截面 D *;

③方通:使用系统参数截面□ *;

④圆管(套筒):使用系统固定截面 PIP *;

⑤角钢:使用系统固定截面 L *;

⑥焊接箱型:在无特殊要求可使用 SHS 截面;

⑦C 型檩条:使用系统参数截面 CC *;

⑧Z 型檩条:使用系统参数截面 ZZ *;

⑨焊接 H、T 型钢:使用 BH 截面。

3. 构件位置

根据参考线和实际构件截面方向确定位置信息,以保证图纸的视图表达正确(见图 2.1)。

图 2.1 梁的属性

4. 编号

1)构件编号

当设计方或项目无特殊要求时,构件编号根据设计蓝图、施工图进行编制,以原设计图柱号保持不变,前面增加节号(区号),后面依次增加节号或楼层号加以区分(具体情况按具体要求执行)。若设计方或者项目部有特殊要求,按特殊要求执行。

基本表达式：＃＃（流水号)-＃＃＃（构件前缀：设计蓝图、施工图中构件编号)-＃＃（柱分节号/梁楼层号)

例：柱：1-GKL1-1　梁：2-GLa1-1

2)零件编号

(1)零件编号的基本表达形式如下。

$$\underset{\substack{\text{分节号}\\\text{区号}}}{xxP} - \underset{\text{流水号}}{a}$$

流水号用数字1,2,…,99表示同一批次同一类型零件的种类顺序编号。

(2)零件前缀说明详见表2.1。

表2.1　零件前缀说明

序号	零件类型	说明
1	P—	钢板
2	X—	型材
3	T—	套筒
4	C—	衬板
5	R—	工艺板(如吊耳等)

当零件同时也是成品构件时，应直接以成品构件编号。

3)图纸编号（即图号)

根据项目要求及具体情况统一编辑，不作硬性规定。

2.2.2　深化设计图编制

深化设计图内容包括钢结构深化设计说明、通图、布置图、构件详图和零件详图等内容。

1. 钢结构深化设计说明

包括设计依据、制作安装说明、特殊区域或构件说明、构件编号表示方法、构件型材及材质、表面处理及油漆种类要求、防火要求、焊接要求、修改依据及修改情况说明、有效版本号及作废版本号说明。

2. 通图

包括焊接通图(表示设计图中通用的焊接形式)、吊耳通图(耳板焊接位置尺寸)、安装节点示意(表明各构件间的连接情况、连接形式、控制尺寸及相关标高)、油漆通图等适用于整套图纸的通用做法或标识。

3. 布置图

(1)应包括柱、梁等主要构件位置分布，平面布置图表达整个或局部结构的定位轴线与构件的尺寸关系、安装方向，安装方向表示于平面布置图右下方(特殊构件须在该构件旁特别说明)。

(2)构件编号应与成品构件图中的编号保持一致，图中列明构件清单，清单包含构件编号、主截面规格、数量、重量等。

（3）在构件图视图方向正确并且定位标记正确的情况下，才能在布置图中打开定位标记。

4.构件详图

（1）构件在工厂制作、检验中所需的全部尺寸信息、安装位置、油漆区域及构件材料表（应注明构件的编号、规格、材质、数量、单重、总重、面积）等，对特殊焊接位置、油漆装涂应注明要求。

（2）出图比例一般为 1：20、1：25、1：30（特殊情况除外），主视图和剖面视图比例保持一致（细部索引视图除外），单张图纸可根据实际情况调整比例。当构件的纵、横向断面尺寸相差悬殊时，可在同一详图的纵、横向选用不同的比例绘制；对于较长构件可剪短，剪短处间隙宽设置为 1 mm，必须显示构件中的孔或连接板。

（3）构件方向必须与模型方向吻合，主视图方向与施工图所示安装方向保持一致（正交轴网：主视图方向自南向北或自东向西；环向轴网：主视图方向或由外向内顺时针方向），并且需增加位置索引视图，如图 2.2 所示。

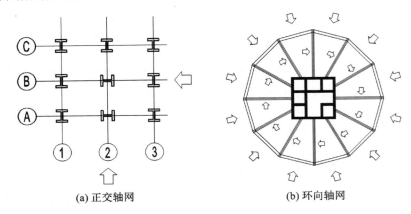

(a) 正交轴网　　　　　　　　　　(b) 环向轴网

图 2.2　正交轴网与环向轴网

（4）图面必须整齐排列，严禁主视图随便摆放。构件的定位标记需打开，第三视角定位标记应该在构件右侧，无关的标高轴线需隐藏。每一构件至少应有一个基准线，根据项目的轴线和标高而确定。

（5）标注尺寸时，重要尺寸要从基准线单独引出，不允许出现尺寸链，同时要便于实际操作中的测量。一个构件的尺寸一般为三道，由内向外依次为外加工尺寸线、装配尺寸线和安装尺寸线，应标注在反映该结构最清晰的图形上，并且做到有条理，层次分明。标注尺寸应为构件的最后完工尺寸，否则应另加说明（见图 2.3）。

（6）相对几何尺寸应表达清晰，连接板应是对孔位以翼缘边缘定位，而不只是对外形定位。型钢的定位基点：角钢以肢背为定位点，圆管以中心线为定位点，H 形钢以腹板中心线为定位点（见图 2.4）。

（7）对于较复杂构件，需通过剖面表达完整数据信息，剖面图中仅能表达一定深度内构件截面无变化且零件信息相同的内容。剖面方向严格遵守柱由上向下剖、梁由右向左

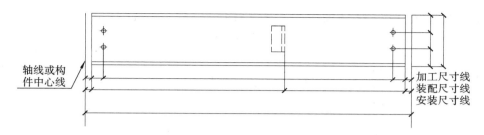

图 2.3 构件详图尺寸标注附加说明示意

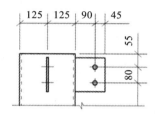
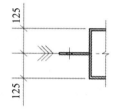

图 2.4 相对几何尺寸标注（单位：mm）

剖的原则,剖面完全相同且零件编号相同的可只创建一个剖面,但要创建参考的剖面符号加以表示(见图 2.5)。剖面符号应表达清晰,不得跳号。

(8)钢梁牛腿、楼层、柱顶、柱底均需给出标高,高层结构中搭筋板可不给标高,但是需表达出与结构层面的关系(见图 2.6)。

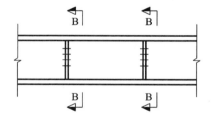

图 2.5 构件剖面符号示意

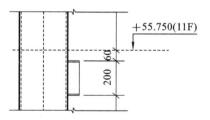

图 2.6 楼层标高示意(除了标高单位为 m,其他单位为 mm)

(9)在构件的关键部位,如转换层牛腿,柱脚板,大悬挑连接板或牛腿,节点需要重点表达焊缝的部位,必须在当前图纸中标注清楚。对于节点角焊缝,在设计图中表达明确,做到有据可查。

(10)对于构件中需要标出斜率或角度的,除施工蓝图中明确给出角度外,其他均以斜率表示,且三角基础长度为 1000 mm(见图 2.7)。

(11)当构件详图中的施工节点复杂时,需要在详图中增设节点透视图,方便施工现场更加立体地识图。

(12)构件材料表中应注明构件的编号、规

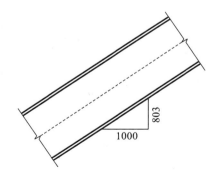

图 2.7 构件斜率或角度标注示意
（单位：mm）

格、材质、数量、单重、共重、表面积等(见表 2.2)。

表 2.2　某构件材料表

构件编号:GL2-17　　　主型材:HN400×200×8×13　　　构件数量:1 件　　　总重量:487.56 kg

零件号	规格	长度/mm	数量/个	单重/kg	共重/kg	表面积/m²	材质	备注
H-23	HN400×200×8×13	6890	1	442.7	442.7	10.91	Q235B	
P-22	PL6×270	325	4	4.1	16.5	0.18	Q235B	
P-24	PL6×30	230	4	0.3	1.3	0.02	Q235B	
P-88	PL10×95	100	2	0.7	1.3	0.02	Q235B	
P-89	PL10×100	230	2	1.7	3.3	0.05	Q235B	
P-114	PL6×120	400	4	2.3	9.0	0.10	Q235B	
P-115	PL6×96	374	8	1.7	13.4	0.08	Q235B	

(13)螺栓与螺栓孔在表达上不区分表示,统一采用中心细实线表示(图 2.8);螺栓的具体规格及长度在材料表中表示,同时注明螺栓使用位置(见表 2.3)。

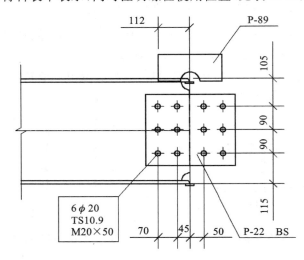

图 2.8　螺栓孔及螺栓表示(单位:mm)

表 2.3　螺栓规格及长度材料表

直径	等级	长度/mm	数量/个	使用位置
M22	扭剪 10.9	70	6	工厂
M22	扭剪 10.9	70	6	现场
M22	扭剪 10.9	85	4	工厂
M22	扭剪 10.9	85	4	现场

(14)孔径、螺栓、接驳器需在构件详图中注明其规格、尺寸、位置。

(15)对于多件图,比例尽量统一,按构件号顺序排列,做到图纸排布饱满美观。

(16)以上内容,若设计方或者项目部有特殊要求,按特殊要求执行。

5. 零件详图

(1)零件详图视图必须保证有一边为水平或竖直,当零件为折板时,增加其前视图,且必须展开图(见图2.9)。

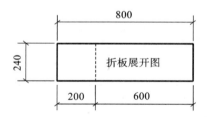

图 2.9　折板展开图(单位:mm)

(2)应包含工厂制作、拼装所需的零件的全部尺寸信息、孔径孔位信息及零件材料表(应注明零件的编号、规格、材质、数量、单重、总重)等。

(3)出图比例一般为1:10和1:15(特殊情况除外),主视图和剖面视图比例应保持一致,单张图纸可根据实际情况调整比例;对于较长零件可剪短,剪短处间隙宽设置为1 mm,必须能显示零件中的孔。

(4)每个零件的尺寸一般为三道,由外向内依次为总尺寸线、外轮廓尺寸线、孔位尺寸线(见图2.10)。

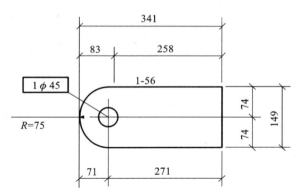

图 2.10　零件尺寸线标注示意(单位:mm)

(5)对于多件图,比例尽量统一,按零件号顺序排列,做到图纸排布饱满美观。

(6)需在图中注明零件中孔的规格、尺寸、位置。

(7)零件标记或螺栓标记摆放尽量保持对称、整齐,尽量不压构件外形线条及尺寸线。线条不得与文字、数字或符号重叠、混淆。不可避免时,应首先保证文字等的清晰。

(8)以上内容,若设计方或者项目部有特殊要求,按特殊要求执行。

2.2.3　制图标准

1. 深化图版本

深化图内容修改后必须修改相应的版本号,修改号以版本号＋数字形式表式,如 A1、A2 依次递增,修改日期也须同时更新。

2. 图幅、图框

(1)图纸优先采用 A3 幅面,业主或合同有其他要求时,按其要求执行,但需在深化前期明确。设计联系单采用 A4 幅面,但附图可以采用各种图纸幅面。常见图纸幅面尺寸如表 2.4 所示。

表 2.4　常见图纸幅面尺寸

图幅	A1.5	A1.25	A1	A2	A3	A4
图幅尺寸	1262×594	1051×594	841×594	594×420	420×297	297×210

注:在 Tekla 中设置图幅长和宽两方向均需加 10 mm。

当需要使用加长图纸时,可按《房屋建筑制图统一标准》(GB/T 50001—2017)的规定进行修改。

(2)同一项目中所用的图纸,不宜多于两种幅面,表格宜采用 A4 幅面,图幅的选用宜优先选用横式图幅,必要时可选用立式图幅。

(3)图框样式需在制图前由项目负责人确认并提供,若制图过程中或完成后需要修改图框(非制图人员主观原因),请项目相关人员自行处理。图框中"设计""校对""审核""专业负责人"四项按实际分工填写并签字。

3. 绘图比例

深化最终的图纸需要标明图纸比例、节点详图比例等。根据构件尺寸以及图纸的图幅选择适宜的绘图比例(见表 2.5)。

表 2.5　布置图和详图的常用比例和可用比例

图名	常用比例	可用比例
布置图	1∶50、1∶100、1∶150、1∶200	1∶60,1∶120
详图	1∶10、1∶20、1∶30、1∶35、1∶40	1∶5、1∶25、1∶50

4. 线型及颜色

①实体线:可见线(绿色)　————————

②虚线:隐藏线(白色)　— — — — — —

③参考线(中心线)(红色)　—‥—‥—‥—‥—

④轴线(青色)　—·—·—·—·—·—

⑤辅助线(红色)　— — — — — —

实体线(绿色)需要突出打印效果(线宽与隐藏线的区分),打印时将绿色线的线宽设置为加粗,打印更清晰。

5. 尺寸标注

(1)详图的尺寸由尺寸线、尺寸界线、尺寸起止符号组成。尺寸单位除标高以 m 为单位外,其余尺寸均以 mm 为单位,且尺寸标注时不再书写单位。

(2)所有图纸标注尺寸线之间应该保持 1 个字高的间距,第一道尺寸线与构件之间保持 1.5 个字高的间距,杜绝尺寸线过挤,当文字与尺寸界限重合时,应将文字以引出线的方式引至侧面。

(3)尺寸线为洋红色,字体为白色;字高为 2.5 mm,字体为 romsim(见图 2.11)。

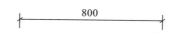

图 2.11　尺寸样式示意（单位：mm）

（4）不得串尺寸（特殊情况除外），尺寸线尽量不要交叉，做到层次分明。

（5）半径、直径、角度标注的起止符号为箭头。

6. 文字标注

（1）图样或标题栏内的图名应能准确表达图样、图纸内容，且简练、明确；所有说明性文字亦应表达清晰、准确；标点符号应用正确，语句通顺，严禁出现错别字、歧义句等。

（2）轴线圆的直径为 8 mm，详图轴线圆的直径为 10 mm；轴线标记采用圆框或长圆框，字高为 2.5/3.0，字体为 romsim，颜色为白色（见图 2.12）。

（3）零件标记引线为洋红色，字体为白色，字高为 2.5，字体为 romsim，并且采用 45°角摆放（根据实际情况可调整，但尽量保持均匀、平行、饱满、美观）（见图 2.13）。

（4）螺栓标记及样式外框需与零件标记引线统一为洋红色，字体为白色，字高 2.5 mm，字体为 romsim，并以 45°角摆放，螺栓标记需有螺栓规格类型（见图 2.14）。

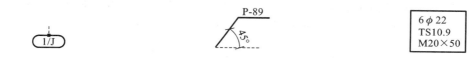

图 2.12　轴线标记示意　　图 2.13　零件标记引线示意　　图 2.14　螺栓标记示意

（5）剖面符号及字体设置为白色，字高 3.0 mm，字体为 romsim（见图 2.15）。

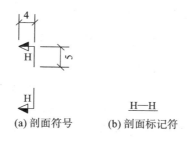

(a) 剖面符号　　(b) 剖面标记符

图 2.15　剖面符号及剖面标记符示意（单位：mm）

（6）标高符号的尖端须指向被标注的高度，尖端朝上朝下均可，标高数字应以 m 为单位，注写到小数点以后三位，零点标高应注写成 ±0.000，正数标高前加"＋"，负数标高前加"－"（见图 2.16）。

7. 焊缝标注

焊缝符号表示方法应按《建筑结构制图标准》（GB/T 50105—2010）及《焊缝符号表示法》（GB/T 324—2008）执行，其主要规定如下。

（1）指引线由箭头和基准线组成，线型均为细线。

（2）基准线一般应水平绘制，仅在特殊条件下可与标题栏垂直。

（3）在同一图形上，当焊缝形式、剖面尺寸和辅助要求均相同时，可只选择一处进行标注，并加注"相同焊缝"符号，必须画在钝角处，如图 2.17(a) 所示。当焊缝为围焊，可采取

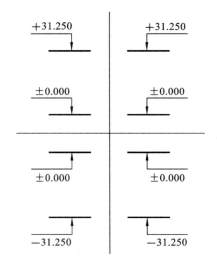

图 2.16　标高符号示意（单位：m）

在一个可见边标注焊缝并加注"围焊"符号，如图 2.17(b)所示；当焊缝为工地地面焊接时，应在焊缝符号中增加"工地地面焊接"符号，如图 2.17(c)所示。

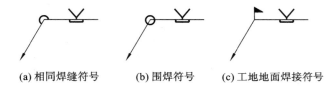

(a) 相同焊缝符号　　　(b) 围焊符号　　　(c) 工地地面焊接符号

图 2.17　焊缝标注示意

（4）若焊缝为单面角焊缝或单面坡口焊，箭头应指向焊缝或坡口所在一侧；若焊缝为双面角焊缝或双面坡口焊，箭头指向任意一侧皆可。相互焊接的两个焊件，当为单面带双边不对称焊口焊缝时，箭头必须指向较大坡口的焊件。

（5）焊缝符号的绘制以简便易行，能形象、清晰地表达出焊缝形式特征为准则，基本画法如下：V 形符号的夹角一律为 $90°$，与坡口的实际角度及根部间隙 b 值大小无关；单边形坡口焊缝符号的垂线一律在左侧，斜线（或曲线）在右侧，不随实际焊缝的位置状态而改变；角焊缝符号的垂线亦一律在左侧，斜线在右侧，不随实际焊缝的位置状态而改变。

（6）在连接长度内仅局部区段有焊缝时，应在焊缝位置的平面图或立面图中进行标注，不可以在焊缝位置的侧视图中进行标注（见图 2.18）。

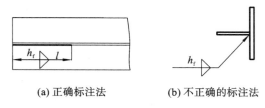

(a) 正确标注法　　　　(b) 不正确的标注法

图 2.18　连接长度内焊缝标注示意

（7）钢结构常用焊缝代号标注示例可参考表 2.6。

表 2.6　钢结构常用焊缝代号标注示例

焊缝类型	焊缝代号	坡口形状示意图	标注样式	板厚 t/mm	说明
全焊透焊接	1			3～6	主要用于薄板件一形拼接
	2			6～18	主要用于箱体 L 形组焊
				≥6	主要用于构件牛腿或节点区板件 T 形焊接
	3			6～28	主要用于构件一形拼接
	4			≥20	主要用于箱体 L 形组焊
	5			≥6	主要用于构件一形拼接
	6			≥6	(1)主要用于构件牛腿或节点区板件 T 形焊接 (2)清根
	7			6～14	(1)主要用于构件一形拼接 (2)清根
	8			≥16	(1)主要用于构件牛腿或节点区板件 T 形焊接 (2)清根
	9			≥16	(1)主要用于构件一形拼接 (2)清根

焊缝类型	焊缝代号	坡口形状示意图	标注样式	板厚 t/mm	说明
部分焊透焊接	10		$\vee$ (P.P)	$6\sim24$	(1)主要用于箱体 L 形组焊 (2)$H_1\geqslant2\sqrt{t}$
			$\vee$ (P.P)	$\geqslant10$	(1)主要用于构件节点区板件 T 形焊接 (2)$H_1\geqslant2\sqrt{t}$
	11		$\vee$ (P.P)	$\geqslant10$	(1)主要用于构件节点区板件 T 形焊接 (2)$H_1\geqslant2\sqrt{t}$
角焊缝	12			$\leqslant16$	主要用于构件加劲板或临时性构件 T 形焊接
					主要用于构件节点板或临时性构件焊接
	13			$\leqslant16$	主要用于构件加劲板或临时性构件 T 形焊接
塞焊、槽焊	14				主要用于锚固钢筋或两块板叠合焊接
电渣焊	15				主要用于箱形截面内隔板焊接

8. 其他

（1）修改云线设置为白色（见图 2.19）。

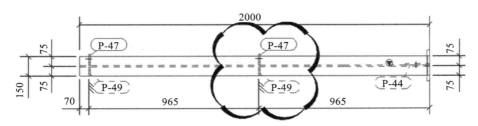

图 2.19　修改云线示意（单位：mm）

（2）折断线符号示意见图 2.20。

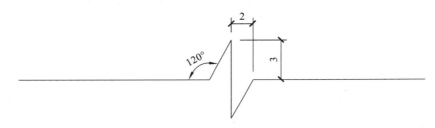

图 2.20　折断线符号示意（单位：mm）

3　钢结构制作工艺

3.1　原材料采购原则及进场检测

3.1.1　采购原则

根据工程招标文件指定品牌,选择国内的大型钢厂作为原材料供应商。充分利用资金,按进度计划采取分批次采购的原则。

常规材质材料每批次提前7～10天下订单,特种材质的材料提前30天订货,确保材料及时供应。

3.1.2　原材料进场检验

所有钢材及连接材料必须符合设计的要求。所有材料均应有质量合格证明,必要时还应提供材质、抗滑系数的复验合格证明。原材料的检测主要是依据《钢结构工程施工质量验收标准》(GB 50205—2020)、《钢结构工程施工规范》(GB 50755—2012)、招标文件和设计要求的有关规定。

1. 钢材检验方案

钢材的品种、规格、性能等应符合现行国家产品标准和设计要求。

(1)钢材进厂后先卸货于待检区,然后材料采购部提供一份材料到货清单及检验通知单给质检部。质检部接到通知单后,根据检验内容逐项组织钢材验收。

(2)工程常用材料有 Q235B、Q345B 钢材,其质量标准应符合现行国家标准《碳素结构钢》(GB/T 700—2006)和《低合金高强度结构钢》(GB 1591—2018)的规定,并应保证材料的抗拉强度、伸长率、屈服点、冷弯试验、冲击韧性合格,并应保证碳、磷、硫含量符合要求。

(3)当钢材板厚大于或等于 40 mm 时,应按现行国家标准《厚度方向性能钢板》(GB/T 5313—2010)的规定,附加板厚方向的断面收缩率要求。

(4)钢材的复验。依据《钢结构工程施工质量验收标准》(GB 50205—2020)的规定对工程项目钢材进行复验,其复验结果应符合现行国家产品标准和设计要求。

(5)若检验结果全部符合要求,在钢材表面做出检验合格的认可标记,并填写钢材验收清单,然后将产品质量保证书、材料来货报验单、复验报告及材料验收清单由质检部一并整理成册,以便备查。材料来货验收确认后,仓管员做好验收标记,并按规定进行材料保管和发放。

①试件制作。

a.用火焰切割 2 块截面 400 mm×30 mm 的钢条。

b.再将钢条的两条切割边铣平,制作成 2 块截面尺寸为 400 mm×20 mm 的钢条。

c.切割试件时应沿钢板轧制方向切割。

②材料送检。

监理工程师对到厂材料抽检,制作试件后,送到规定的专业检测单位进行质量检查。

③检测试验的合格判定。

依据检测单位出具的见证送检试验报告来确定。

2.焊接材料的验收

焊接材料验收标准见表 3.1。

表 3.1　焊接材料验收标准

验收材料		验收标准
焊接材料验收	验收要求	焊接材料的品种、规格、性能等应符合现行国家产品标准和设计要求。钢结构工程中所采用的焊接材料应按设计要求选用,同时产品应符合相应的国家现行标准要求
		用于重要焊缝的焊接材料,或对质量合格证明文件有疑义的焊接材料,应进行抽样复验,复验时焊丝宜按五个批(相当炉批)一组试验,焊条宜按三个批(相当炉批)一组试验
	外观检验	焊条外观不应有药皮脱落、焊芯生锈等缺陷;焊剂不应受潮结块。 检查数量:按量抽查1%,且不应少于 10 包
		焊钉及焊接磁环的规格、尺寸及偏差符合现行国家标准《电弧螺柱焊用圆柱头焊钉》(GB/T 10433—2002)中的规定。 检查数量:按量抽查1%,且不应少于 10 套

3.材料保管及发放管理

1)材料保管

材料到货验收确认后,由保管员做好验收标记并按规定保管,并选取合适场地或包件储存,按品种规格分别堆放(见图 3.1)。材料的使用严格根据技术部门编制的排料加工图和尺寸资料进行领料和落料,实行专料专用,严禁私自代用或挪用。

为防止不同规格和材质的钢材混淆,应使用记号和涂色区分钢材,不同材质的钢材采用不同的涂色区别,钢材的规格应用记号笔直接在材料的醒目位置进行标识。材料的贮存,应保证其质量的完好并能适应工程进度要求。

2)材料发放管理

材料的发放先由技术部依据图纸、生产计划、钢材预排版计划等编制材料领料通知

图 3.1　材料保管

单,经技术部门负责人审核并签字后交生产车间,由生产车间在领用前交物资仓库。物资人员按照材料领料通知单核对实物材料规格、型号,核对无误后将材料移交给车间并由车间领料人员在领料通知单上签字确认。

材料发放完毕后,材料管理员进行领料单编号存档,填写相应材料收发台账,并及时更新材料码单。材料发放流程见图 3.2。

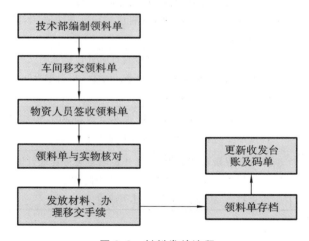

图 3.2　材料发放流程

3.2　钢结构制作

3.2.1　钢结构制作准备

正式制作前,认真研究深化设计图纸,结合工程项目单位设计文件(结构设计图纸、设计规范、技术要求等),根据加工条件,编制钢结构工程制造工艺技术文件报监理工程师批准。

设计并制作针对工程项目构件特点的工装器具,完成包括焊接工艺评定试验、火焰切割工艺评定试验、涂装工艺试验等在内的工艺试验,编制专项车间工艺方案、装焊工艺卡、工艺文件等,并组织焊工、涂装工、检验员等人员进行培训。

1. 焊接工艺评定规则

为了保证焊接质量,技术工艺部门将依据《钢结构焊接规范》(GB 50661—2011)中的有关规定进行焊接工艺评定,并制定完善、可行的焊接工艺方案和措施,用于指导工程施工中的焊接作业(见表 3.2)。

表 3.2 焊接工艺评定规则

编号	评定规则
1	不同焊接方法的试验结果不得互相代替
2	Ⅰ、Ⅱ类同类别钢材中,当强度和冲击韧性级别发生变化时,高级别钢材的焊接工艺评定结果可代替低级别钢材; Ⅲ、Ⅳ类同类别钢材中的焊接工艺评定结果不得相互代替; 不得用单类钢材的试验结果代替
3	接头形式变化时应重新试验; 十字形接头试验结果可代替丁形接头试验结果; 全焊透或部分焊透的 T 形或十字形接头对接与角接组合焊缝试验可代替角焊缝试验
4	试验试件的焊后热处理条件应与钢结构制造、安装焊接中实际采用的焊后热处理条件基本相同
5	焊接工艺评定结果不合格时,应分析原因,制订新的试验方案,并按原步骤重新试验,直到合格为止

2. 焊接工艺评定项目表

工程项目常用的钢材为 Q235B 和 Q345B,板厚为 6～40 mm。根据所用钢材的厚度、性能及焊接熔透要求,按照有关标准和参数,进行焊接工艺评定,根据焊接工艺评定的结果制定焊接工艺评定项目表。

3.2.2 钢结构制作工序

1. 钢尺标定

钢结构制作所使用的钢卷尺应符合《钢卷尺检定规程》(JJG 4—2015)的要求。钢结构制作时应具备 3 把以上的标准钢卷尺,在选定的标准钢卷尺中,选择其中一把作为母尺,其他标准钢卷尺应同母尺进行比对,确认并记录其误差。

2. 钢板矫正

钢板矫正是保证构件精度的一项重要工序措施。由于钢板制造标准对于不同钢板的不平整度要求不同,这对保证构件制造精度还不够,同时运输、吊运和堆放过程中容易造成钢板变形,因此需对钢板进行矫正处理。

另外,在切割过程中切割边所受热量大、冷却速度快,因此切割边存在较大的收缩应力。国内超厚钢板普遍存在着小波浪的不平整,这对于厚板结构的加工制作会产生焊缝不规则、构件不平直、尺寸误差大等缺陷,所以工程项目构件在加工组装前,为保证组装和焊接质量,可先将所有零件在专用矫正机上先进行矫正处理(见表3.3)。

表 3.3　钢板矫正处理

项目		允许偏差/mm	控制目标/mm	检验方法	图例
钢板局部平面度	$t \leqslant 14$ mm	1.5	1.0	直尺和塞尺	
	$t > 14$ mm				
型钢弯曲矢高		$L/1000$ 且$\leqslant 5.0$	$L/1000$ 且$\leqslant 4.0$	拉线和钢尺	
H 形钢翼缘对腹板的垂直度		$b/100$ 且$\leqslant 2.0$	$b/100$ 且$\leqslant 1.0$	角尺和钢尺	

钢材矫正过程中还要注意以下事项(见表3.4)。

表 3.4　钢材矫正注意事项

编号	注意事项
1	①对要进行加工的钢材,应在加工前检查其有无对制作有害的变形(如局部下挠,弯曲等); ②根据实际情况采用机械冷矫正或用加热(线加热,点加热)矫正; ③当采用热矫正时,应注意其热矫正加热温度不超过650 ℃,矫正过程中严禁用水冷却
2	低合金结构钢在环境温度低于−12 ℃时不应进行冷矫正
3	矫正后的钢材表面,不应有明显的凹面或损伤,划痕深度不得大于0.5 mm,且不应大于该钢材厚度允许偏差的1/2

3. 切割、下料

(1)根据工程项目钢材板厚,采取多头直条火焰切割机和数控火焰切割机(见图3.3、图3.4)。

(2)切割前应清除母材表面的油污、铁锈和潮气;切割后的气割表面应光滑无裂纹,熔渣和杂物应除去,剪切边应打磨。

图 3.3　多头直条火焰切割机　　　　　　图 3.4　数控火焰切割机

（3）在切割过程中考虑割缝补偿,钢板切割余量如表 3.5 所示。

表 3.5　钢板切割余量

切割方式	材料厚度/mm	割缝宽度留量/mm
气割下料	20～40	3.0
	40 以上	4.0

（4）气割的公差度要求如表 3.6 所示。

表 3.6　气割公差度要求

项目	允许偏差
零件的长度	长度±1.0 mm
零件的宽度	板制 H 形钢的翼、腹板:宽度±1.0 mm;零件板:宽度±1.0 mm
切割面不垂直度 e	$t{\leqslant}20$ mm,$e{\leqslant}1$ mm;$t{\geqslant}20$ mm,$e{\leqslant}t/20$ 且不大于 2 mm
割纹缺口深度	0.2 mm
局部缺口深度	对不大于 2 mm 的缺口深度,打磨且圆滑过渡; 对大于 2 mm 的缺口深度,电焊补后打磨形成圆滑过渡

注:t 为钢板厚度。

（5）切割后应去除切割熔渣,对于组装后无法精整的表面,如弧形锁口内表面,应在组装前进行处理。图纸中的直角切口应以 15 mm 的圆弧过渡（如小梁端翼腹板切口）。H形钢的对接若采用焊接,在翼腹板的交汇处应开半径 $R=15$ mm 的圆弧,以使翼板焊透。

（6）火焰切割后须自检零件尺寸,然后标上零件所属的工作令号、构件号、零件号,再由质检员专检各项指标,合格后才能进入下一道工序。

（7）刨削加工的允许偏差范围如表 3.7 所示。

表 3.7　刨削加工的允许偏差范围

编号	项目	允许偏差/mm
1	零件宽度、长度	±1.0
2	加工边直线长度	$L/3000$ 且不大于 2.0

续表

编号	项目	允许偏差/mm
3	相邻两边夹角	$\pm 6°$
4	加工面垂直度	$\leqslant 0.025t$ 且 $\leqslant 0.5$
5	加工面粗糙度	< 0.015

注:L 为加工边长度;t 为加工件厚度。

4. 接料

由于钢板长度不能满足所有构件加工长度的要求,某些钢板需要拼接。

(1)拼板前,应检查材料的材质、板厚是否符合图纸的要求。

(2)依据最佳排料方案绘制拼板下料图,采用多项工程联合套料、循环接板套料等措施,以提高材料利用率,降低消耗。

(3)长钢尺必须是经过计量测定的钢尺,并将测定的偏差标记入钢尺明显部位,以便画线时调整(此条在下述各工序中均应遵守)。

(4)平板对接要平直,焊接前做好反变形预防措施。

(5)拼板时应考虑下料切割焊缝的收缩量,适当放出余量,自动切割缝放出 2 mm 余量,手工切割缝放出 3 mm 余量,焊缝收缩量视构件长度一般应放出 20～30 mm 余量。

(6)钢柱及钢梁在制作时因材料长度不足需要拼接时,各相邻板的对接焊缝应相应错开 0.2 m 以上,并应与加劲肋错开 0.2 m 以上。

(7)拼板焊接应按图纸的焊缝等级的质量要求进行,焊接前应清除焊缝口锈蚀、油迹、毛刺等,并按要求开好坡口,单面坡口角度取值范围为 $55°\pm5°$,钝边高度取值范围为 1.5～2 mm。采用焊缝清根、焊剂烘潮、焊丝清洁等措施,以保焊缝质量。

(8)施焊前应检查焊丝、焊剂是否和母板材相匹配,焊缝两端应加引弧板和收弧板,引入和引出的焊缝长度埋弧焊应大于 50 mm,手工焊应大于 20 mm,焊毕后应割除引弧板和收弧板,不得用锤击落。

(9)拼板焊接完工后应注明工程名称、构件号等,转下道工序。

5. 焊接

(1)根据需要,焊接采用二氧化碳气体保护焊、自动埋弧焊或电渣焊(见图 3.5～图 3.7)。

图 3.5 二氧化碳气体保护焊

(2)焊接所采用的焊丝、焊剂应与构件的材质相匹配。

(3)焊前应对焊丝、焊缝进行清洁,除去油渍、锈迹等。

图3.6　自动埋弧焊

图3.7　电渣焊

（4）择合适的焊接电流、电压、焊接速度及合理的焊接程序,确保焊接质量,减小焊接变形。

（5）应焊成凹形焊缝,焊缝金属与母材间应平缓过渡。

（6）焊后清理焊渣,检查焊缝外观质量,如有气孔、咬边等缺陷,应进行打磨、补焊等措施。

（7）圆柱头焊钉与钢柱焊接时,应在所焊的母材上设置焊接瓷环,以保证圆柱头焊钉的焊接质量。

6.制孔

板材采用数控钻床（见图3.8）制孔,型材采用磁力钻（见图3.9）制孔。型钢混凝土柱腹板与钢筋混凝土梁连接的穿筋孔,均应按施工详图在摇臂钻床（见图3.10）制孔,不得在工地制孔。

图3.8　数控钻床　　　　　图3.9　磁力钻　　　　　图3.10　摇臂钻床

7.组装

下料完毕后,各零件在拼装平台上组装成安装构件,根据需要确定是否按1∶1放拼装线,组装精度要求如表3.8所示。

表 3.8　组装精度要求

钢管精度要求	
项目	允许偏差
直径 d	$\pm d/500$，且不应大于 2.0 mm
椭圆度 f	$\leqslant 3d/1000$，且不应大于 2.0 mm
管端面对管轴的垂直度	$\leqslant d/500$，且不应大于 3.0 mm
管端面局部不平整度 f	<0.1 mm
弯曲矢高	$L/1500$，且不应大于 5.0 mm
箱形构件组装精度要求	
边长	$\pm 1\%$，且最小 ± 0.5 mm
平直度	0.2%
长度	± 5.0 mm
截面扭转变形	最大 2 mm$+0.5$ mm/m
H 形钢组装精度要求	
梁两端最外侧安装孔距离	± 3.0 mm
构件连接处的截面几何尺寸	± 3.0 mm
梁、柱连接处的腹板中心线偏移	2.0 mm
受压构件弯曲矢高	$L/1000$，且不应大于 10.0 mm

注:L 为构件长度。

3.3　典型钢构件制作流程

3.3.1　焊接 H 形构件制作

1. 焊接 H 形构件制作流程

焊接 H 形构件制作流程如图 3.11 所示。

1）放样

放样是钢结构制作工艺中的第一道工序,只有放样尺寸精确,才能避免以后各加工工序的累积误差,才能保证整个工程的质量,因此放样工作必须注意以下几个环节:放样前必须熟悉图纸,并核对图纸各部尺寸有无不妥之处,与土建和其他安装工程有无矛盾,核对无误后方可按施工图纸上的几何尺寸、技术要求,按照 1∶1 的比例画出构件相互之间的尺寸及真实图形。

样板制出后,必须在样板上注明图号、零件名称、件数、位置、材料牌号、规格及加工符号等内容,以便使下料工作不发生混乱,同时还必须妥善保管样板,防止折叠和锈蚀,以便

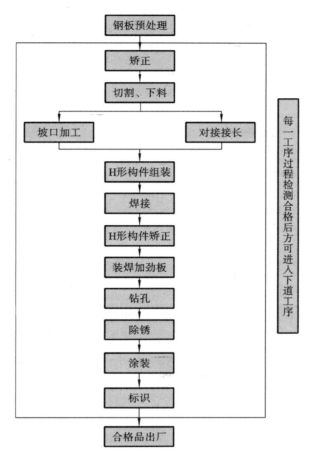

图 3.11 焊接 H 形构件制作流程

进行校核。

为了保证产品质量,防止由于下料不当造成废品,样板放样应注意适当增加预放余量,并满足下列要求。

(1)自动气割切断的加工余量为 3 mm。

(2)人工气割切断的加工余量为 4 mm。

(3)气割后需铣端或刨边的加工余量为 4～5 mm。

(4)剪切后无须铣端或刨边的加工余量为零。

(5)放样要按图施工,画线制样板应做到尺寸精确,减少误差。

放样允许偏差见表 3.9。

表 3.9 放样允许偏差

项次	尺寸部位	允许偏差/mm
1	样板尺寸	−1.0
2	两孔中心距	+1.0
3	上下最外面孔中心距	±0.5

项次	尺寸部位	允许偏差/mm
4	相邻孔中心距	±0.5
5	对角线距离	1.0(≤2 m)、2～4(>2 m)

2)下料

下料是根据施工图纸中钢构件的几何尺寸、开口制成样板,利用样板或计算出的下料尺寸,直接在板料或型钢表面上画出零构件相关的加工界线,再进行剪切、冲裁、锯切、气割等工作。下料前应做如下检查。

(1)检查对照样板及计算好的尺寸是否符合图纸的要求。

(2)检查所用钢材是否符合设计要求,若发现有疤痕、裂纹夹层及厚度不足等缺陷,必须及时与技术部门联系,研究决定后再进行下料。

(3)发现钢材有弯曲不平,应先矫直。

3)组装

(1)检查腹板、翼板下料尺寸是否与图纸符合。

(2)若翼板、腹板有对接焊缝,组立时应注意其焊缝错开 200 mm 以上。

(3)组立时确保腹板对翼板的中心线垂直度偏差为 $b/100$(b 为腹板宽度)且不大于 2 mm,中心线偏移不大于 1 mm。翼腹板间隙应不大于 0.8 mm,以满足埋弧焊的需要。

(4)定位焊间距一般为 300～400 mm,焊缝高度不超过设计缝厚度的三分之二,焊条型号应与构件材质相匹配。

4)焊接

(1)熟悉图纸,明确焊缝的技术要求及焊缝尺寸。

(2)焊缝采用自动埋弧焊焊接。

(3)焊接所采用的焊丝、焊剂应与构件的材质相匹配。

(4)焊接前应对焊丝、焊缝进行清洁,除去油渍、锈迹等。

(5)焊接时应加引弧板和收弧板,引弧和引出的焊缝长度应大于 50 mm,焊后应切割,不得用锤击落。

(6)选择合适的焊接电流、电压,焊接速度应合理,确保焊接质量,减小焊接变形。

(7)应焊成凹形焊缝,焊缝金属与母材间应平缓过渡。

(8)焊后清理焊渣,检查焊缝外观质量,如有气孔、咬边等缺陷,应采取打磨、补焊等措施。

5)矫正

(1)钢材切割或焊接成型后,均应按实际情况进行平直矫正。

(2)型钢在矫正机上机械矫正。

2. 焊接 H 形钢及十字柱制作工艺

焊接 H 形钢及十字柱制作工艺如图 3.12～图 3.17 所示。

图 3.12 第一步:腹板组装

图 3.13 第二步:翼缘板组装

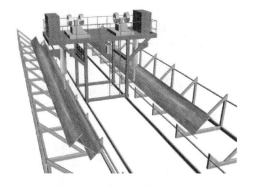

图 3.14 第三步:自动埋弧焊焊接

图 3.15 第四步:矫正机上矫正

图 3.16 第五步:十字形构件端铣

图 3.17 十字形构件半成品实景

3.3.2 箱形构件制作

1. 箱形构件制作流程

箱型构件制作流程如图 3.18 所示。

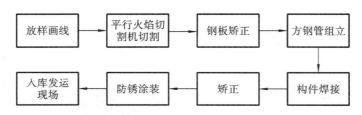

图 3.18 箱形构件制作流程

2. 箱形构件制作工艺

箱形构件制作工艺如图 3.19~图 3.25 所示。

图 3.19 第一步:下料

图 3.20 第二步:组装第一块腹板

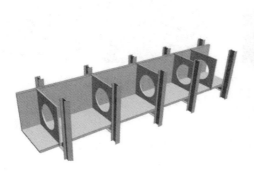

图 3.21 第三步:组装内隔板

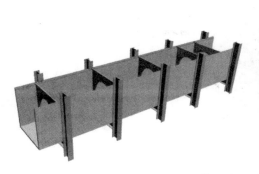

图 3.22　第四步:组装第二块腹板

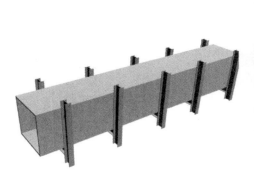

图 3.23　第五步:组装盖板

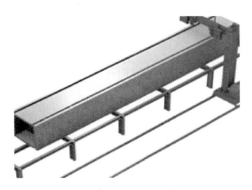

图 3.24　第六步:电渣焊焊接隔板

1)切割下料

采用数控直条火焰切割机切割,切割前按设计要求放线并考虑焊接收缩余量为每接头 0.5 mm,切割后对切割口的切渣、飞溅进行人工清理,检查无误后进行编号。

2)坡口

工程项目箱形截面构件钢板最大厚度 24 mm,采用埋弧焊焊接。开设双面坡口可防止钢板层间出现撕裂现象,箱形构件焊接坡口形式如图 3.26 所示。

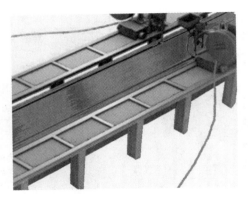

图 3.25　第七步:埋弧焊焊接箱体

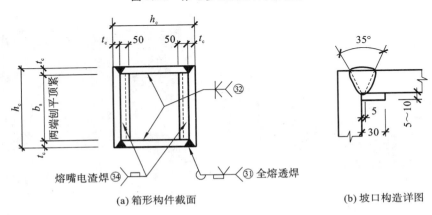

(a) 箱形构件截面　　　　　　　　(b) 坡口构造详图

图 3.26　箱形构件焊接坡口形式(单位:mm)

3)拼装

待翼板、腹板开好坡口后进行拼装,铆工根据图纸尺寸在拼装平台上放样,定好构件外形尺寸,再对构件进行组拼,拼装时先对两侧翼板和一侧腹板进行组拼,再对翼板及腹板的垂直度进行调整,调整好后进行电焊及加撑处理,防止构件发生扭曲变形,然后再对另一块腹板进行组拼。

4)施焊

焊接采用箱形埋弧焊,为了使构件应力及变形达到最小,焊接时采用多层多道对称焊接,每层厚度 4～6 mm。同一个面的两道焊缝应同时施焊,可有效地防止构件发生扭曲变形。焊接完成后应仔细除去飞溅物和焊渣,采用焊缝量规等器具对焊缝外观几何尺寸进行检查,不得有凹陷、超高、焊瘤、咬边、气孔、夹渣、未熔合、裂纹等外观缺陷,并做好焊后检查记录,自检合格后在杆件根部打上焊工的钢印。

5)箱形截面构件加工注意事项

下料前核对钢板的尺寸及平直度,按放样尺寸下料,放样后及时检查矫正。组立焊接位置要垫平,支点要正确,以避免焊接应力释放时产生变形。箱梁四条主焊缝要连续施焊,采用对称焊接可使收缩应力分散,减少变形。组立焊接完成的构件采用千斤顶顶压(或辅以倒链)和火焰烘烤加热相结合方式矫正,也可以用火焰打开翘曲处的主焊缝,将腹板或盖板用火焰矫正后,再焊接矫正。

3.4　焊接质量检验

3.4.1　一级焊缝

一级焊缝为动荷载或静荷载受拉,要求与母材等强度的焊缝。100%超声波探伤,评定等级Ⅱ,检验等级B级。常见一级焊缝如下。

(1)H形钢柱拼接接头焊缝,为等强对接全熔透抗拉焊缝。

(2)H形钢柱在与梁对应位置设置的水平加劲肋及钢筋连接板与钢柱翼缘间的焊缝。

(3)H形钢柱在框架梁梁高及其上、下各600 mm节点范围内,钢柱腹板与翼缘间的焊缝。

3.4.2　二级焊缝

二级焊缝为动荷载或静荷载受压,要求与母材等强度的焊缝。25%超声波探伤,评定等级Ⅲ,检验等级B级。常见二级焊缝如下。

(1)非上述梁柱节点范围H形钢柱腹板与翼缘间的焊缝,采用K形熔透焊。

(2)柱脚底板与柱的焊缝。

3.4.3　三级焊缝

三级焊缝为上述一、二级焊缝之外的贴角焊缝,不要求超声波探伤。

所有焊缝应作100%外观检查,并按现行相关标准中的要求进行,当上述检查发生疑问时须进行着色渗透探伤或磁粉探伤的复检(见图3.27)。

图3.27　无损检测

3.5　钢构件除锈及涂装

3.5.1　钢构件的除锈

钢结构防腐蚀采用的涂料、钢材表面的除锈等级以及钢结构防腐蚀的构造要求等,应符合《钢结构、管道涂装技术规程》(YB/T 9256—96)和《涂覆涂料前钢材表面处理　表面清洁度的目视评定　第 1 部分:未涂覆过的钢材表面和全面清除原有涂层后的钢材表面的锈蚀等级和处理等级》(GB/T 8923.1—2011)的规定。钢结构在进行涂装前,必须将构件表面的毛刺、铁锈、氧化皮、油污及附着物彻底清除干净,可采用喷砂方法彻底除锈,局部修补时可采用手工机械除锈,除锈等级应分别达到 Sa2 级,现场补漆除锈可采用电动、风动除锈工具彻底除锈,达到 St3 级。处理后的构件表面不应有焊渣、焊疤、灰尘、油污、水和毛刺等。

抛丸除锈时采用细小钢丸为磨料,既可以提高钢材表面的抗疲劳强度和抗腐蚀应力,也可以提高钢材表面硬度,且对环境污染程度较轻。

1. 抛丸除锈工艺流程

抛丸除锈工艺流程如图 3.28 所示。

2. 抛丸除锈设备

常用的抛丸机有 HJ15-20X 型,如图 3.29 所示。

3. 性能优势

抛丸除锈性能优势见表 3.10。

表 3.10　抛丸除锈性能优势

序号	优势项目	简述
1	全自动	根据除锈等级要求,自动控制砂粒密度与砂粒速度; 可调节构件在砂粒室内的行走速度,对特定部位进行重度除锈
2	轻污染	配备除尘系统,除锈区的空气质量优于国际标准
3	高效率	一个台班的除锈能力可以达到 60 吨
4	高质量	除锈后的构件表面粗糙度优良; 可以达到 Sa2～Sa3 的任意一个除锈级别

4. 除锈技术要求

(1)加工的构件和制品,应经验收合格后方可进行除锈。

(2)除锈前应对钢构件边缘进行加工,去除毛刺、焊渣、焊接飞溅物及污垢等。

(3)除锈时,施工环境相对湿度控制在 80% 以下,钢材表面温度应高于空气露点温度 5 ℃以上。

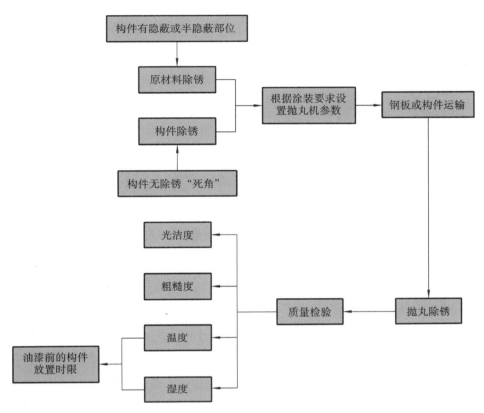

图 3.28 抛丸除锈工艺流程

图 3.29 抛丸除锈设备

（4）喷砂除锈使用的砂粒必须符合质量标准和工艺要求。

（5）经除锈后的钢结构表面，应用毛刷等工具清扫，或用干净的压缩空气吹净锈尘和残余磨料，然后方可进行下道工序。

（6）钢构件除锈经验收合格后，应在8小时（湿度较大时2～4小时）内涂第一遍保养底漆。

（7）除锈合格后的钢构件表面，如在涂底漆前已返锈，需重新除锈，才可涂底漆。

5. 除锈检验

（1）根据设计要求，钢构件表面除锈等级为Sa2.5级。

（2）根据《钢结构工程施工质量验收标准》（GB 50205—2020）中的要求，除锈采用隐蔽验收，构件除锈完后由质检员进行100％检查，并由质管部、监造师、监理等进行隐蔽见证抽查，并做好隐蔽验收记录。

（3）构件加工完后采用样卡进行100％检查，即在不放大的情况下进行观察时，表面应无可见油脂和污垢，并且没有氧化皮、铁锈、油漆涂层和异物，任何残留的痕迹应只是点状或条纹的轻微色斑。

3.5.2　钢构件涂装

1. 涂装要求

1）钢构件出厂前不需要涂装的部位

当混凝土直接作用在钢梁上或采用组合楼板时，钢梁顶面及高强螺栓连接部位不应涂刷油漆。此外，高强螺栓连接摩擦面、工地焊接部位及两侧100 mm超声波检测部位禁止涂装。

2）构件安装后需要补漆部位

对已涂刷过防锈底漆，但有损坏、返锈、剥落等的部位及未涂刷过防锈底漆的零配件，应进行补漆处理。具体要求如下：以环氧富锌为修补防锈的底漆，干膜厚度大于75 μm，再按所在部位，配套依次涂刷封闭漆、中间漆。现场连接的螺栓在施拧完毕后，应按设计要求补涂防锈漆。

2. 涂装施工准备

构件在涂装前，应按涂装工艺的要求，对构件进行边缘加工，去除毛刺、焊渣、焊接飞溅物及污垢等，并按设计要求对构件表面进行抛丸除锈处理。

当抛丸除锈完成后，清除金属涂层表面的灰尘等杂物。在监理工程师对表面处理认可后，构件运转至油漆涂装房的同时，向油漆相关班组说明工作对象、喷涂范围、施工工艺要求、油漆的类型和型号、工期要求和注意事项等。之后，油漆相关班组开始进行喷漆前准备工作。

3. 涂装工艺要求

（1）对构件暂不喷漆表面用胶带纸保护。焊接前以下部位不得涂装：现场焊缝两侧各100 mm范围内；现场焊接后再按规范要求进行涂装；图纸上规定的表面不得涂刷油漆部分；高强螺栓摩擦面。

（2）对喷漆的相关设备进行检查，检查所有电、气线路及管道是否处于良好状态，压力容器等是否满足施工要求。

（3）对施工环境进行检测，如环境不能满足要求，应立即向项目经理汇报，采用人工方法调整环境，使环境完全满足要求。树立质量第一的观念。

（4）对施工设备和施工环境进行检查，杜绝安全隐患。在油漆施工区域内做好标志，禁止明火。对施工员工的劳动保护进行检查，确保安全生产。

（5）如临时安排在室外涂装，应测定气温、湿度，如符合相关要求，则可以进行室外涂装工作。

（6）油漆的调配。油漆调配前，先由质检员和作业班长一起测试喷漆房当时的环境，符合条件后方可进行调漆。如不符合要求，需要相应设备调节控制使环境达到要求。各类油漆必须混合比精确混合，并进行均匀搅拌（搅拌机）。根据气温情况可以加入适量的油漆商指定的稀释剂，油漆应根据工作量现配现用，杜绝浪费。

（7）技术交底。班组长根据涂装工艺上的内容，将施工工艺要求、工期计划、注意事项、检验方法、安全事项等交代员工无误后方可开始喷漆，并合理安排员工对施工工件进行预涂。工人进入清洁后待喷漆的工件时，一律穿戴鞋套以保证工件不被二次污染。预涂应将内外表面的焊缝、边角、不易喷到的部位，用漆刷涂刷一道同类漆料。涂层应均匀，不得漏涂，不得有明显的流挂，以及气泡等弊病。

4. 涂装工艺

涂装的工艺过程如下：①抛丸除锈→②表面清灰→③底漆涂装→④中间漆涂装。

1）基底处理

表面涂装前，必须清除一切污垢以及搁置期间产生的锈蚀和老化物，运输、装配过程中的部位、损伤部位和缺陷处，均须进行重新除锈。采用稀释剂或清洗剂除去油脂、润滑油和溶剂。除锈作为隐蔽工程，应填写隐蔽工程验收单，交监理或业主验收合格后方可施工。

2）涂装方法

采用高压无气自动喷涂机喷涂，施工前应按产品要求将涂料加入料斗，按涂料厚度调整喷涂机参数，开动喷涂机进行自动喷涂。对于构件的边棱等不易喷涂的部位采用涂刷施工（见图 3.30）。

图 3.30　无气喷涂实景

5. 涂装施工

（1）防腐涂料出厂时应提供符合国家标准的检验报告，并附有品种名称、型号、技术性能、制造批号、贮存日期、使用说明书及产品合格证。

（2）施工应备有各种计量器具、配料桶、搅拌器。涂料应按不同材料说明书中的使用方法进行分别配制。

（3）双组份的防腐涂料应严格按比例配制，搅拌后进行熟化后方可使用。

（4）施工采用喷涂的方法进行。

（5）施工人员应经过专业培训和实际施工培训，并持证上岗。

（6）喷涂防腐材料应按顺序进行，先喷底漆，使底层完全干燥后方可进行中间漆的喷涂施工，做到每道工序严格受控。

（7）施工完的涂层应表面光滑、轮廓清晰、色泽均匀一致、无脱层、不空鼓、无流挂、无针孔，膜层厚度应达到技术指标规定等要求。

（8）涂装施工单位应对整个涂装过程做好施工记录，油漆供应商应派遣有资质的技术服务工程师做好施工检查，并提交检查报告和完工报告。

6. 防腐涂层的保养

对于拼装接头、安装接头及油漆涂料易损区域，先手工打磨除锈并清洁，然后按上述要求分别喷涂底漆、中间漆，且漆膜总厚度达到标书要求的厚度。

对于预留底漆部分及运输安装过程中损坏的底漆，应手工打磨后补足底漆厚度，高强螺栓连接未涂涂料区亦应补涂。涂层的维护保养要求如下。

（1）底漆或中间漆涂装后不能马上暴露在雨雪中，这样会引起漆膜起针孔或起泡。

（2）搬运货物或进行其他施工时，应避免各种情况的机械碰撞、石击、土埋、粗糙物的堆靠，以免造成机械损伤。如有，请打磨处理并及时进行修补。

（3）防止人为损伤、涂画及粗糙物擦涂，保证涂膜的平整光滑性。

（4）禁止任何火源对漆膜的炙烤，以及蒸汽对涂层的蒸吹，防止漆膜的燃烧及高温蒸汽对漆膜的损伤。因客观原因或施工造成漆膜破坏，必须对损伤部位按原施工要求严格处理（扩大范围）后再按工程施工程序修补损伤处。

（5）如涂层过多的尘土或其他污染物，可用清水或中性清洗剂，用软刷进行清洗。避免用酸、碱、有机溶剂及其他有害物进行擦拭和清洗。在清洗之后使其自然风干或用软布擦净。

（6）禁止酸、碱、盐、油、有机溶剂等液体或固体对漆膜浸泡、接触及污染。

（7）经常派人对防腐涂层进行定时检查，发现问题及时处理，避免因局部意外损伤时间过长未修补造成钢材的腐蚀及破坏。

（8）遇到特殊情况，可与涂料生产商或施工单位取得联系，共同对具体问题进行妥善处理。

（9）在施工中，应派专职人员负责检查已完工程产品的保护情况，并作日记录。工程进入后期阶段视具体情况增设 24 小时安保人员,以确保工程的完好,直至验收合格交付业主。

3.6 质 量 检 验

(1)完工的产品,由施工班组班长对产品质量进行自检,合格后填写质量检验评定表,报检验人员检查评定。

(2)检验人员依产品设计文件及验收规范实施检查,不合格的产品按不合格品控制程序的要求处理并记录。

(3)检验人员对已检产品按检验和试验状态控制程序的规定做好检验状态标记。

(4)检验人员根据检验项目分别整理和确认焊接质量检验评定记录、钢构件制作质量检验评定记录、超声波探伤报告等记录,并在规定的位置加盖质检人员印章。无损探伤报告除加盖检验员印章外,还需加盖质量控制部的无损检验专用章。

(5)防腐涂装工序由成品检验人员按标准要求进行油漆质量的检验,合格后在交验单上签字认可并填写油漆检验记录,不合格的需重新涂装直至合格。

(6)产品出厂时,产品合格证由质量控制部负责签发,并加盖质量控制部验收合格专用章。

(7)产品入库后,各过程的检验和试验记录由质量控制部统计员按质量记录控制程序的要求进行管理,并向甲方提供产品质量保证书。

3.7 构 件 运 输

所有构件制作完成后,采用公路运输将构件运输到施工现场。构件运输保护措施示意如图 3.31 所示。

运输过程中的构件保护措施如下。

(1)构件与构件间必须放置一定的垫木、橡胶垫等缓冲物,防止运输过程中构件因碰撞而损坏。

(2)散件按同类型集中堆放,并用枕木和钢丝绳进行绑扎固定,杆件与绑扎用钢丝绳之间放置橡胶垫之类的缓冲物。

(3)在整个运输过程中为避免涂层损坏,在构件绑扎或固定处用软性材料衬垫保护。

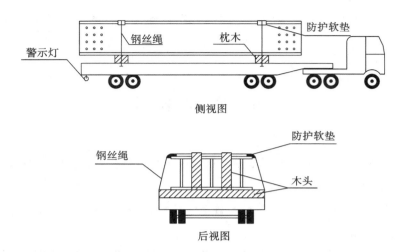

侧视图

后视图

图 3.31　构件运输保护措施示意

4 高层钢结构安装

4.1 高层钢结构埋件安装

4.1.1 钢柱地脚锚栓施工工艺

钢柱地脚锚栓施工工艺见表 4.1。

表 4.1 钢柱地脚锚栓施工工艺

序号	步骤	施工工艺
1	钢柱地脚螺栓固定架的设计、施工和测量	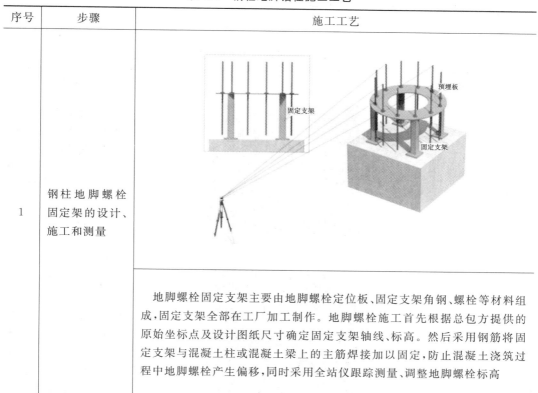 地脚螺栓固定支架主要由地脚螺栓定位板、固定支架角钢、螺栓等材料组成,固定支架全部在工厂加工制作。地脚螺栓施工首先根据总包方提供的原始坐标点及设计图纸尺寸确定固定支架轴线、标高。然后采用钢筋将固定支架与混凝土柱或混凝土梁上的主筋焊接加以固定,防止混凝土浇筑过程中地脚螺栓产生偏移,同时采用全站仪跟踪测量、调整地脚螺栓标高

序号	步骤	施工工艺
2	混凝土浇筑后钢柱地脚螺栓复测	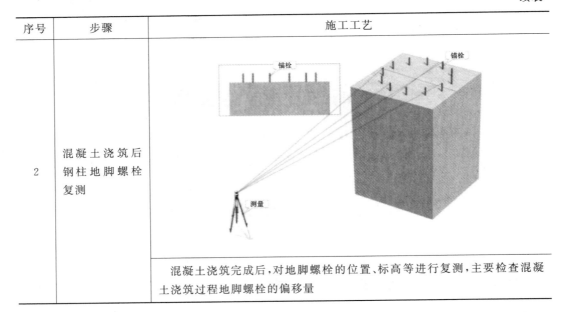 混凝土浇筑完成后,对地脚螺栓的位置、标高等进行复测,主要检查混凝土浇筑过程地脚螺栓的偏移量

4.1.2 钢梁预埋件施工工艺

钢梁预埋件施工工艺见表4.2。

表4.2 钢梁预埋件施工工艺

序号	施工步骤	示例图片	施工方法及控制要点
1	测量定位		将钢梁预埋件位置通过全站仪、钢尺等引测到建筑物的钢筋上,做好放线标记,并在模板搭设前,将预埋件平面位置的控制轴线和标高测设到下一楼层
2	预埋件就位		根据预埋件轴线和标高控制线,在核心筒剪力墙模板搭设前,把预埋件初步就位,预埋件安装时,如果遇到竖向或水平钢筋阻挡,可在建筑物绑扎钢筋时,及时调整竖向或水平钢筋

续表

序号	施工步骤	示例图片	施工方法及控制要点
3	预埋件板清理、定位		核心筒模板施工过后,清理预埋件板面上杂物,然后测量放线,精确定位受剪连接板的位置
4	安装固定		预埋件安装就位固定后,由监理工程师测量复核,经验收合格后方可浇筑混凝土

4.1.3 预埋件安装技术措施

(1)预埋件放样前应根据建筑物移交的测量控制点在工程施工前引测控制点和布设钢结构测量控制网,将各控制点做成永久性的坐标桩和水平基准点桩,并采取保护措施,以防破坏(见图4.1)。

图4.1 现场控制点放样及防护

(2)预埋件进场后需要清点待安装的预埋件型号、规格、数量、外形尺寸等信息,保证实际安装时不存在质量问题及数量型号不全的问题。

(3)预埋件临时固定:锚杆与其接触的钢筋(不一定为主筋)绑扎;埋件最终固定:锚杆与其接触的主筋绑扎。若绑扎点不足,则设置临时钢筋,创造主筋与锚杆的绑扎连接点(见图4.2)。临时钢筋根据现场需要确定。

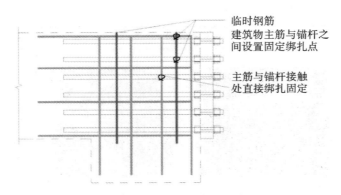

图 4.2　埋件临时绑扎示意

（4）基础顶面直接作为柱的支撑面，支撑面、地脚螺栓位置的允许偏差应符合下表4.3的要求。

表 4.3　支撑面、地脚螺栓位置的允许偏差值

项目		允许偏差
支撑面	标高	± 3.0 mm
	水平度	$L/1000$
地脚螺栓	螺栓中心偏移	5.0 mm
预留孔中心偏移		10.0 mm

注：L 为支撑长度。

4.1.4　后置埋件安装步骤

后置埋件安装步骤见表 4.4。

表 4.4　后置埋件安装步骤

序号	施工步骤	示例图片	施工方法及控制要点
1	测量定位		将钢梁预埋件位置通过全站仪、钢尺等引测到建筑物的混凝土墙面，对锚杆孔位，埋件板外形做好放线标记
2	电锤打孔		按照定位放线位置对化学锚杆位置进行打孔，打孔完成后，使用空压机、毛刷等工具清洁孔内粉屑并保持孔内干燥

序号	施工步骤	示例图片	施工方法及控制要点
3	化学药剂安装		植入化学锚栓,药剂管随电钻深入孔底,旋转锚杆化学药剂搅拌均匀,再插入锚栓,等待药剂充分凝固
4	后置埋件板安装		安装后置埋件板并紧固螺母

4.2　高层钢结构常规钢柱安装

4.2.1　安装工艺

常规钢柱安装工艺见表4.5。

表4.5　常规钢柱安装工艺

序号	施工步骤	示例图片	施工方法及控制要点
1	钢柱卸车	 围挡　钢结构堆场	钢柱进场后进行卸车,将钢柱平稳堆放在堆场枕木上,并进行构件验收,确保构件质量满足要求
2	安装装备	操作平台钢爬梯 	钢柱平放在地面时,将登高钢爬梯和防坠器固定在柱身,然后将钢柱临时连接板栓接到钢柱上。安装临时连接板时,使用长螺栓穿过钢梁外排中部螺栓孔,套上夹板,然后将双夹板旋转180°,再用安装螺栓固定双夹板

序号	施工步骤	示例图片	施工方法及控制要点
3	起吊控制	钢结构堆场	采用一挡起吊,缓慢吊起钢柱。钢柱吊离地面1 m左右时暂停起吊,观察吊装是否正常,确认无问题后,逐步增挡加速起吊。在起吊过程中必须密切观察周边情况和摆幅距离,特别是受风力影响摆幅过大或视线不清晰时应停止吊装,待稳定后再缓慢提升或摆臂转动,避免发生碰壁。吊装过程中可使用溜绳辅助调整钢梁空中姿态
4	钢柱就位		缓慢起吊钢柱至垂直状态,提升并移至吊装位置上空,下降与下段柱头对接,调整被吊柱段中心线与下段柱的中心线重合(四面兼顾),将活动双夹板平稳插入下节柱对应的安装耳板上,穿好连接螺栓并形成临时连接
5	矫正		两节钢柱对接时,应先用直尺测量接口处错边量,其值不应大于3 mm。当不满足要求时,在下面一节钢柱上焊接托板并用千斤顶矫正上部钢柱的接口。利用托板和千斤顶调整钢柱垂直度和标高,调整时测量工配合,实时监控偏差值,确保各项指标均满足规范要求

序号	施工步骤	示例图片	施工方法及控制要点
6	连接施工		矫正完成后进行焊接施工

4.2.2　常规钢柱安装技术措施

钢柱吊装应按照各分区的安装顺序进行,并及时形成稳定的结构体系。起吊前,钢构件应横放在枕木上,起吊时不得使构件在地面上有拖拉现象。

为了确保安装精度,避免累积误差影响,每节柱的定位轴线应以地面控制线为基准线。结构的楼层标高可按相对标高进行。安装第一节柱时从基准点引出控制标高,并标在混凝土基础或钢柱上,以后每次上引标高均以此标高为基准,以确保每层结构标高符合设计要求。

上、下节钢柱之间的连接耳板待全部焊接完成后进行割除。为不损伤母材,连接耳板割除时预留约 5 mm,然后再打磨平滑,并涂上防锈漆。

钢柱上可设置操作平台(见图 4.3),安装吊装爬梯、防坠器(见图 4.4)。

图 4.3　钢柱顶部设置操作平台示意

图 4.4　钢柱吊装爬梯、防坠器示意

4.2.3 地上外框钢柱安装

地上外框钢柱安装步骤见表 4.6。

表 4.6 地上外框钢柱安装步骤

序号	施工步骤	示例图片	施工方法及控制要点
1	安装准备		钢柱安装前应进行构件验收,确保构件质量满足要求。在钢柱顶设置吊装爬梯、防坠器、柱顶操作平台挂耳;在钢柱底部设置安装夹板、连接螺栓、吊装钢丝绳和卡环;在安装位置准备好气体、焊机、割枪、扳手、撬棍等工具材料和设备。如有必要,搭设操作平台
2	起吊控制		钢柱一般采用一挡起吊,吊起后往柱脚方向移动,不得在地面拖拉构件。构件吊离地面 1 m 左右时暂停起吊,观察吊装是否正常,确认无误后,逐步增挡加速起吊
3	吊装就位		吊装的构件在就位区域上空约 1 m 处时应暂停起吊,待构件稳定后采用一挡或点动下钩,同时对孔位和构件稳定性进行微调。吊装的构件即将靠近就位高度时暂停起吊,待孔位对齐后缓慢点动就位
4	临时固定		钢柱就位后,采用撬棍微调耳板与连接板的同心度,穿入螺栓,分次拧紧牢固后,拉设和固定钢柱缆风绳临时固定,然后利用防坠器与安全带,通过吊装爬梯攀爬到柱顶解钩

序号	施工步骤	示例图片	施工方法及控制要点
5	测量矫正		钢柱可通过缆风绳配合葫芦矫正,也可以在柱脚设置千斤顶矫正。矫正后,同一层柱的柱顶高度差不得大于 5 mm,钢柱的标高差不得大于 $L/1000$ 且不大于 5 mm,上、下柱连接处的错位不得大于 3 mm,钢柱垂直度偏差不得大于 $L/1000$ 且不大于 5 mm(L 为钢柱高度)
6	焊接探伤		焊接前,需设置焊接防火、防风措施,安装焊接垫板、引弧板和止弧板。用烤枪进行焊前预热、去湿、去潮。根据焊接工艺进行钢柱焊接,24 h 后进行探伤检查,合格后移交下道工序

4.2.4 劲性钢骨柱安装

劲性钢骨柱安装步骤见表4.7。

表 4.7 劲性钢骨柱安装步骤

序号	施工步骤	示例图片	施工方法及控制要点
1	安装准备		根据钢构件的重量及吊点情况,准备足够的不同长度、不同规格的钢丝绳和卡环,并准备好倒链、缆风绳、爬梯、工具包、手锤及扳手等机具
2	构件起吊		构件吊离地面1 m左右时暂停起吊,观察吊装是否正常,确认无问题后,逐步增挡加速起吊。严格遵守"十不吊"原则,吊装过程密切注意钢柱的空中状态是否稳定

序号	施工步骤	示例图片	施工方法及控制要点
3	吊装就位		钢柱就位后,采用撬棍微调耳板与连接板的同心度,穿入螺栓,分次拧紧牢固后,拉设和固定钢柱缆风绳临时固定,然后利用防坠器与安全带,通过吊装爬梯攀爬到柱顶解钩。检查钢柱标高、错位、垂直偏差等指标并矫正
4	钢筋绑扎、模板封闭		钢柱钢筋绑扎与模板封闭
5	混凝土浇筑		钢筋绑扎及模板封闭完成后进行混凝土浇筑

4.2.5 钢柱安装技术措施

1. 马凳

巨柱或重柱吊装前应在其下方设置钢马凳以其防损坏楼板,钢马凳上部设置仿形支架,便于圆钢管进行支撑和调校。马凳构造示意如图4.5所示。

2. 吊点设置及临时固定

钢柱吊耳在加工厂内加工完成,吊耳规格根据钢结构施工临时措施的要求选用。

3. 钢柱测量矫正

(1)运用CAD的ZBBZ插件在深化图中计算出吊装的钢柱顶中心的三维坐标。

(2)平面和高程控制网点投递到顶层并复测校核。

(3)吊装前复核下节钢柱顶中心点的三维坐标偏差,为上节柱的垂直度、标高预调提供依据。

牛腿

钢板

图 4.5　马凳构造示意

(4)对于标高超差的钢柱,可切割上节柱的衬垫板(3 mm 内)或加高垫板(5 mm 内)进行处理,如需更大的偏差调整将由制作厂直接调整钢柱制作长度。

(5)用全站仪对外围各个柱顶中心点进行坐标测量,如图 4.6 所示。坐标测量的步骤如下。

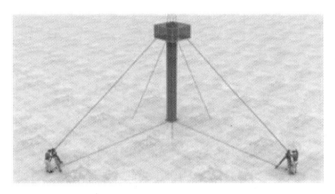

图 4.6　钢柱安装矫正测量控制示意

①架设全站仪在投递引测上来的测量控制点上,照准一个或几个后视点。

②输入后视点、测站点坐标值、仪高值、棱镜常数、棱镜高度值,建立本测站坐标系统。

③配合小棱镜或对中杆测量各柱顶中心点的三维坐标。

(6)结合下节柱顶焊后偏差和单节钢柱的垂直度偏差,矢量叠加出上一节钢柱矫正后的三维坐标实际值。钢柱安装错口矫正示意如图 4.7 所示,钢柱安装垂直度矫正示意如图 4.8 所示。

图 4.7　钢柱安装错口矫正示意

图 4.8　钢柱安装垂直度矫正示意

（7）向监理报验钢柱顶的实际坐标，焊前验收通过后方可开始焊接。

（8）焊接完成后引测控制点，再次测量柱顶三维坐标，为上节钢柱安装提供测量矫正的依据，如此循环。

4. 钢柱安装允许偏差及检验方法

钢柱安装允许偏差及检验方法见表4.8。

表4.8　钢柱安装允许偏差及检验方法

项目		允许偏差	检验方法
同一层柱的柱顶高度差		5.0 mm	用水准仪、全站仪检查
上、下柱连接处的错位		3.0 mm	用钢尺检查
单层钢柱的垂直度偏差		$H/1000$，且不应大于 25.0 mm	用经纬仪或吊线和钢尺等实测
多层柱的垂直度偏差	单节钢柱	$H/1000$，且不应大于 10.0 mm	
	柱全高	35.0 mm	

注：H 为柱高。

4.2.6　缆风绳施工

缆风绳一端固定在钢柱上端吊耳上，钢柱四周均匀对称布置4道缆风绳，缆风绳从钢柱顶部拉至地面锚固位置，锚固位置可选择相邻钢柱柱脚锚栓或竖向钢筋，侧边位置钢柱吊装前应事先在地面打入带弯头的钢筋。缆风绳通过手拉葫芦进行紧固。缆风绳布置好后，进行测量放样，确保钢柱位置准确，如有偏差，利用手拉葫芦松紧缆风绳调整钢柱位置。钢柱位置校准后拉紧缆风绳，保证钢柱稳固，进行后续安装。安装过程中，派专人看护缆风绳，如有异常情况立即停止施工，进行缆风绳及钢柱检查，检查无误后方可继续施工。缆风绳施工示意如图4.9所示。

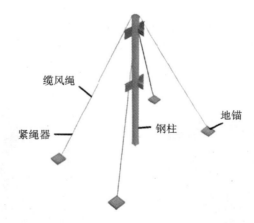

图4.9　缆风绳施工示意

4.3　高层钢结构钢梁安装

4.3.1　常规钢梁安装

常规钢梁安装步骤见表4.9。

表4.9　常规钢梁安装步骤

序号	施工步骤	示例图片	施工方法及控制要点
1	钢梁卸车		将钢梁平稳堆放在枕木上,并进行构件验收,确保构件质量满足要求。吊装时,非起重作业人员禁止进入吊装设备起重范围内,起重指挥和起重操作人员禁止站于吊物下方和吊物水平行进方向,吊物行进时应站于吊物两侧且距离吊物不小于0.5 m
2	安装准备		在钢梁上设置立杆式双道安全绳、溜绳,端部设置码板、安装夹板、连接螺栓,并设置吊装钢丝绳和卡环,捆绑吊装时需设置包铁保护钢丝绳。安装夹板时,使用长螺栓穿过钢梁外排中部螺栓孔,套上双夹板,然后将双夹板旋转180°,再用安装螺栓固定双夹板
3	起吊控制		采用一挡起吊,吊起后往安装位置移动,不可拖拉构件。钢梁吊离地面1 m左右时暂停起吊,观察吊装是否正常,确认无误后,逐步增挡加速起吊。由于钢梁较长,在起吊过程中必须密切观察垂直通道周边情况和摆幅距离,可使用溜绳辅助调整钢梁空中姿态。采用串吊吊装时,应认真检查每副钢丝绳节点是否牢固,串吊重量不得超负荷要求,钢梁间距不少于2 m

序号	施工步骤	示例图片	施工方法及控制要点
4	钢梁就位		吊装钢梁距离就位区域2～3 m高度时应暂停起吊,通过溜绳对钢梁方向和摆幅晃动进行微调稳定控制。稳定后采用点动缓慢下降,就位后及时将连接板与临时连接螺栓连接固定
5	临时固定		钢梁吊装至指定位置后,由两端马板临时受力搭接,塔吊微降使钢丝绳刚处于不受力状态。工人系上安全带后站在牛腿上进行操作,将两面夹板旋转至将钢梁与牛腿连接,穿设不少于节点螺栓数量1/3且不少于2颗临时螺栓,固定稳固后工人将安全带转至梁上钢丝绳至吊点处解钩
6	测量矫正		高强螺栓施工人员挂设安全带至节点处,进行钢梁矫正和高强螺栓穿设,对于无法直接贯入的高强螺栓,采用冲钉和绞刀进行矫正,当孔偏差较大时,通过焊接工装和千斤顶进行钢梁微调,微调时,须确保安装螺栓处于可靠连接状态
7	焊接及高强螺栓施工		进行高强螺栓的初拧、复拧和终拧,并焊接钢梁翼缘板,完成钢梁施工

4.3.2 钢梁吊装技术措施

钢梁的安装顺序应遵循先主梁后次梁、再悬挑梁的原则。每个区域的钢柱安装时,及时安装上柱顶楼层的主梁,以形成稳定的结构体系,次梁在钢柱整体校正后才可进行安装。

1. 吊点设置

为保证吊装安全及提高吊装效率,钢梁在加工厂加工时预留吊装孔或设置焊接吊耳作为吊点。对于大跨度、大吨位的钢梁吊装,采用焊接吊耳的方法进行吊装,对于轻型钢梁则采用预留吊装孔进行串吊(见图4.10～图4.12)。

图 4.10 钢梁单根吊装示意   图 4.11 钢梁串吊示意

图 4.12 钢梁串吊实例

采用串吊吊装时,应认真检查每副钢绳节点是否牢固,串吊重量不得超负荷要求,钢梁间距不少于2 m。

2. 钢梁就位与临时连接

钢梁就位时,及时夹好连接板,对孔洞有少许偏差的接头应用冲钉配合调整跨间距,然后用安装螺栓拧紧。安装螺栓数量按要求不得少于该节点螺栓总数的30%,且不得少于2颗。

无牛腿钢梁安装前应设置临时托板(见图4.13)。悬挑钢梁安装时,采用直接安装法,吊装到位后,用安装螺丝固定。倒链牵引法须通过倒链与钢柱相互拉结,主次梁栓接、焊接完成后,即可拆除拉结的倒链(见图 4.14);悬挑较大时,需设置临时支撑进行安装(见图 4.15、图 4.16)。

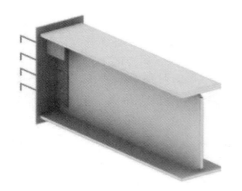

图 4.13　临时托板示意

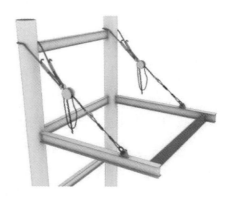

图 4.14　悬挑钢梁安装临时拉结

图 4.15　悬挑钢梁安装临时支撑

图 4.16　临时支撑连接措施的上、下节点

3. 钢梁矫正

现场使用千斤顶＋限位板的工艺对钢梁的轴线、定位进行矫正(见图 4.17、图 4.18)。

图 4.17　千斤顶矫正实景

图 4.18　限位板实景

4.4　高层钢结构组合楼板安装

4.4.1　组合楼板安装流程

组合楼板安装流程见图 4.19～图 4.24。

图 4.19　第一步:用布带等将组合楼板吊运至安装楼面

图 4.20　第二步:按照排版图,放线、铺板

图 4.21　第三步:栓钉焊接固定、调直压实

图 4.22　第四步:弹线边角切割

图 4.23　第五步:收边模板施工

图 4.24　第六步:清理验收

4.4.2 组合楼板安装工艺

（1）根据组合楼板规格和建筑结构平面尺寸编制排版设计图。

（2）同一楼层平面内的组合楼板铺设时，本着先里后外（先铺通主要的辐射道路）的原则进行。

（3）在钢柱、钢梁安装完工并经过检验合格后进行铺设。铺设前，将组合楼板、梁面清理干净。为了保证安装质量，首先按图纸的要求在梁顶面上弹出基准线，然后按基准线铺设组合楼板。组合楼板在梁上的搭接长度不小于50 mm，组合楼板在梁上的搭接示意如图4.25所示。

图4.25　组合楼板在梁上的搭接示意

（4）吊运时不能直接用钢丝绳捆绑组合楼板，而是采用布质吊装带或其他柔性保护措施绑扎，对超重、超长的板应增加吊点或使用吊架等方式，防止吊装时产生变形或折损。

（5）按照排版图，将组合楼板吊至正确的层段区域，并按照排版方向安全稳妥放置。堆放处应有足够的支撑点防止变形。安装前必须检查放线情况，先进行粗安装，保证其波纹对直，以便钢筋拉通。

（6）铺设时由2～4人水平搬运，按图纸编号、排版方向等要求逐一排放。

（7）搭接长度应按设计要求进行，一般侧向与端头跟支承钢梁的搭接不小于50 mm，板与板之间的侧搭接采用公母扣。

（8）切割。在组合楼板定位后弹出切割线，沿线切割。切割线的位置应参照楼板留洞图和布置图，如错误切割造成毁坏，应记录板型与板长度，并及时通知供货商补充。现场边角、柱边和补强板需下料切割。直线切割时原则上使用等离子气割技术或电带锯切割技术，不能采用损害母材强度的方法，严禁采用氧气乙炔进行切割。

（9）不规则面板的铺设。根据现场钢梁的布置情况，以钢梁的中心线进行放线，将组合楼板在地面平台上进行预拼合，然后再放出控制线，再根据组合楼板的宽度进行排版、切割。

（10）板端部固定方法。组合楼板的端部与钢梁连接处采用手工焊固定，熔焊间距应小于 185 mm,焊接时采用小电流,以免将板烧穿而焊接不上。如果栓钉穿透组合楼板直接焊于钢架上,且间距小于等于 185 mm,熔焊直径仅需 9 mm 及以上即可。

(11)组合楼板收边做法。组合楼板在铺设的过程中,由于钢梁加工的尺寸与组合楼板的规格不合模数,因此在钢梁边会存在一定的空隙。对于空隙距离大于 200 mm 的部位应采用切割组合楼板的方式来进行封闭;对于空隙距离小于 200 mm 的部位,则采用专门的收边板进行封闭。

(12)高低跨处的连接方式。楼板有高低跨处,在钢梁上增加 T 形钢、角钢。在新增 T 形钢上应按设计要求焊接栓钉。

(13)混凝土挡板做法。混凝土挡板应由 1.5～2.0 mm 厚的钢板制成,当混凝土挡板的悬挑长度大于 250 mm 时,应在悬挑处焊接补强角钢,角钢的间距为 500 mm。

(14)组合楼板调直压实。

(15)清理验收。栓钉焊接施工完后,将组合楼板上的废料、瓷环、焊接废渣等清理干净,然后验收。

4.5 高层钢结构栓钉安装

栓钉安装应使用专用栓钉熔焊机进行焊接施工。安装前先放线,定出栓钉的准确位置,并对该点进行除锈、除漆、除油污处理,以露出金属光泽为宜,并使施焊点局部平整。将保护瓷环摆放就位,瓷环要保持干燥。焊接后要清除瓷环,以便于检查。施焊人员平稳握焊枪,并使焊枪与母材工作面垂直,然后施焊。焊接根部焊脚应均匀、饱满,以保证其强度要达到要求。栓钉安装流程见图 4.26～图 4.29。

图 4.26 焊接前栓钉应无锈

图 4.27 栓钉按预定放线就位

(1)栓钉采用自动调节的焊接设备进行焊接,栓钉的焊接需要采用独立的电源供电。

(2)如果两个或更多的焊钉枪在同一电源上使用,采用联动装置保证一次只有一把焊钉枪能使用,电源就能在一个栓钉焊完后再开始下一次焊接。

(3)焊接电压、电流、时间及焊钉枪提起和插下等参数都要调到最佳状态,这将根据过去的经验和栓钉制造厂以及设备制造厂的说明来进行。

图 4.28 栓钉焊接

图 4.29 栓钉焊接完成

（4）每个栓钉都要带有一个瓷环来保护电弧的热量以及稳定电弧。电弧保护瓷环要保持干燥，如果表面有露水和雨水痕迹则应在 120 ℃的干燥器内烘干 2 小时后再使用。

（5）焊接栓钉的地方应当无铁锈、灰尘、露水或其他可能对产生合格焊缝有危害的物质。

（6）栓钉边距 50 mm，中心间距不小于 120 mm，并不少于两排，沿梁长度方向间距 250 mm。操作时，要待焊缝凝固后才能移去焊钉枪。

（7）焊后，去掉瓷环，以便于检查。

（8）焊钉枪不能使用或用于返修不饱满的栓钉时可采用手工电弧焊。

（9）当遇到因压型板翘起造成的与线材间隙过大时，可用手持式卡具对组合楼板邻近施焊处局部加压，使之与母材贴合，一般要求间隙不应超过 1 mm。栓焊卡具示意如图 4.30所示。

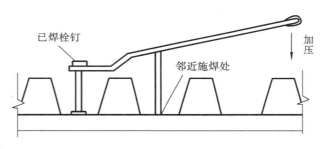

图 4.30 栓焊卡具示意

5 大跨度钢结构安装

5.1 大跨度钢结构支撑施工

5.1.1 常见支撑类型

常见支撑类型见表5.1。

表 5.1 常见支撑类型

支撑类型	示例图片	使用条件及注意事项
型钢支撑		①型钢支撑侧向受力稳定性差,一般用在支撑物压力垂直于胎架轴线的情形; ②常用于单个钢结构临时支撑受力体系,使用条件较灵活; ③型钢支撑有独立支撑和双排支撑,常在柱的上端设置支撑面,必要时,需设置缆风绳; ④运输和安装较为方便
轻型胎架		①多采取三角形或四边形的形式,材料可选用圆管、角钢、槽钢、H形钢等,备料灵活; ②胎架有一定的自稳性,可以抵抗部分侧向受力,支撑高度较大,多用于地基承载力较差的环境; ③采用此类胎架,需要在胎架顶部设置胎帽作为支撑面; ④胎架运输、安装较为复杂; ⑤可在工厂进行标准节和非标准节的制作

支撑类型	示例图片	使用条件及注意事项
格构式胎架（重型胎架）		①主管采用 $\phi219\times10$ 钢管，系杆采用 $\phi89\times5$ 钢管，自重较重且大于 $0.5\ \text{t/m}$，$10\ \text{m}$ 高度以下支撑受力大于 $30\ \text{t}$； ②胎架有一定的自稳性，可以抵抗部分侧向受力，支撑高度较大，大于 $8\ \text{m}$ 的支撑体系需要在中间做联系杆，保证系杆之间有较为稳固的连接； ③支撑点应在胎架中心位置，避免偏心受力； ④胎架运输、安装较为复杂，胎架较重
贝雷架		①主桁架采用工字钢组拼成型，一般可用作支撑架，可采用双排单层或三排多层结构体系； ②胎架稳定性较差，大于 $8\ \text{m}$ 的支撑体系需要做联系支撑，或附着支撑； ③支撑点应在胎架中心位置，避免偏心受力； ④市场上有专业的租赁单位和装配式模块，运输、安装便捷
片状三脚架支撑		①多用于大型悬挑结构的支撑设置，材料选用钢管、角钢类、H形钢类； ②可在工厂进行标准化制作，现场装配式安装

5.1.2　支撑胎架施工技术措施

1. 支撑胎架底部处理方式

支撑胎架底部一般需要一定的措施处理以便和下部结构连接，一般的处理方式有混凝土预埋件、路基箱等（见表 5.2）。

表 5.2 支撑胎架底部处理方式

示例图片	说明
	型钢支撑与底部结构钢梁焊接固定
	格构式胎架与底部结构梁焊接固定
	胎架与底部预埋件栓接固定
	胎架底部通过膨胀螺丝与基础筏板连接固定

续表

示例图片	说明
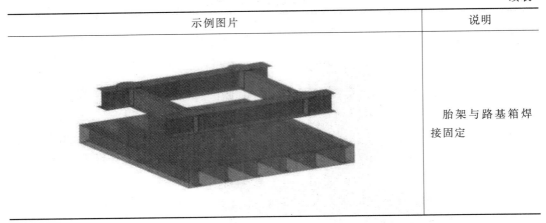	胎架与路基箱焊接固定

2. 顶部工装设计

支撑胎架搭设高度与构件高度存在一定偏差无法满足支撑作用时,须在顶梁节上设置竖向短型钢进行调节(见图 5.1)。

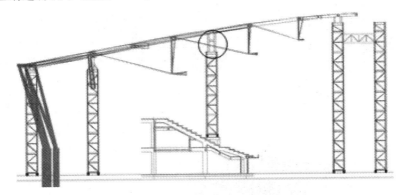

图 5.1 部分支撑胎架顶部工装示意

3. 支撑胎架的验收

待胎架安装完后需对胎架进行测量校正,底座预埋件位置允许偏差验收标准见表 5.3。

表 5.3 底座预埋件位置允许偏差验收标准

项目	允许偏差
底层柱柱底轴线对定位轴线偏移	-3.0 mm
柱子定位轴线	1.0 mm
单节胎架安装垂直度	$H/1000$,且不大于 10.0 mm
整体胎架安装垂直度	$(H/2500+10.0)$ 且不应大于 50.0 mm

注:H 为柱高。

5.2 大跨度钢结构地面预拼装

地面预拼装施工步骤见表5.4。

表5.4 地面预拼装施工步骤

序号	施工步骤	示例图片	施工方法及控制要点
1	放样线及胎架布置		首先应明确桁架的预起拱值。桁架应采用原位拼装方法,先铺设稳固的拼装平台,并测放胎架定位线,然后搭设拼装胎架,调整稳固及支撑部位的标高
2	下弦杆定位安装		根据拼装放样线依次定位安装桁架下弦杆
3	安装横向连杆		下弦杆定位焊接完毕后补装弦杆间横向连杆
4	竖向腹杆定位安装		安装直腹杆时需适当调整以保证腹杆垂直度,重点检查上弦杆标高及端部接口位置是否符合要求

序号	施工步骤	示例图片	施工方法及控制要点
5	拼装上弦杆		定位安装上弦杆件,并进行焊接矫正
6	安装连接腹杆		补装上下弦杆间斜腹杆
7	整体检测		整体拼装矫正完毕后,检查整体尺寸是否符合要求,再进行后续整体提升安装

5.3　大跨度钢结构桁架安装

5.3.1　高空原位安装

桁架高空原位安装一般用于次桁架。两侧主桁架安装完成后,次桁架吊装困难时,可以采用高空原位安装次桁架。高空原位安装施工步骤见表5.5。

表 5.5　高空原位安装施工步骤

序号	施工步骤	示例图片	施工方法及控制要点
1	桁架卸车		桁架散件进场后进行卸车,将桁架散件平稳堆放在堆场枕木上,并进行构件验收,确保构件质量满足要求

序号	施工步骤	示例图片	施工方法及控制要点
2	桁架卧拼		根据胎架图纸,设置胎架,卧拼桁架,焊接合格后才能进入下一道安装工序
3	起吊控制		采用一挡起吊,吊起后往安装位置移动,不可拖拉构件。钢梁吊离地面1m左右时暂停起吊,观察吊装是否正常,确认无问题后,逐步增挡加速起吊。较长钢梁在起吊过程中必须密切观察周边情况和摆幅距离,特别是受风力影响摆幅过大或视线不清晰时应停止吊装,待稳定后再缓慢提升或摆臂转动,避免发生碰壁的情况。吊装过程中可使用溜绳辅助调整桁架的空中姿态
4	桁架就位		吊装桁架高度距离就位区域2~3m时应暂停,通过溜绳对钢梁方向和摆幅晃动进行微调以保持其稳定。桁架稳定后采用点动缓慢下降,就位后及时连接耳板或码板进行固定
5	解钩		桁架就位固定后,操作工人挂在钢柱上的安全带可以解钩

序号	施工步骤	示例图片	施工方法及控制要点
6	测量矫正		对桁架进行测量矫正,确保桁架标高、定位、水平度满足要求
7	焊接连接		操作人员进行焊接作业

5.3.2 提升施工

提升施工步骤见表5.6。

表 5.6 提升施工步骤

序号	施工步骤	示例图片	施工方法及控制要点
1	提升架支撑设置		提升架应设置在柱顶,当柱顶不足以支撑时,可设置标准胎架,顶部设置提升器,提升器必须经过受力验算,满足要求后方可使用
2	提升就位		采用同步分级加载的方法进行试提升。钢结构离开胎架20 cm左右时,锁紧锚具,空中静止12小时,观察其工作情况,各项检查无误后,再进行正式提升。提升时监控所有提升吊点的标高,保证提升同步性

1. 吊耳设置

桁架卧拼时，如果桁架一次不能焊接到位，且拼装后的构件质量较大，可在构件翻身时根据需要设置翻身吊耳。构件卧拼完成、吊装前可设置大吊耳作为吊装使用，且吊耳须经过核算，应符合相关受力和构造要求。

2. 拼装场地要求

桁架拼装应设置专门的场地，要求场地硬化处理。如果采用地面原位拼装，地面需要平整、压实。

3. 胎架设置

拼装前根据实际情况对拼装胎架进行施工模拟计算，确保拼装胎架刚度和强度满足拼装要求。胎架搭设应精确测放胎架位置，确保构件拼装准确无误。

4. 拼装精度控制

在安装胎架之前，用水准仪全面测量平台基准面的标高，确定测量基准面，根据构件在工厂制作时的焊接工艺试验，预先留出各类收缩量，拼装完后进行检查，保证产品的使用精度。此外，还需做好拼装场地的硬化工作，避免外部环境对拼装结果产生不利影响。

5. 提升架设计

提升架需要经过专业厂家设计，结合实际进行施工验算，验算合格后方可进行施工。提升架应设置在柱顶，当柱顶不足以支撑时，可在顶部设置提升器，提升器必须经过受力验算且验算结果必须满足要求。提升架示意如图 5.2 所示。

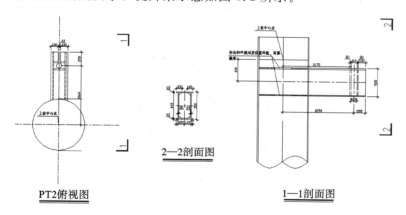

PT2俯视图　　　　2—2剖面图　　　　1—1剖面图

图 5.2　提升架示意

5.3.3　滑移施工

滑移施工主要应用于四周支撑的单跨或连续跨空间结构。

1. 液压同步滑移施工

液压同步滑移采用液压爬行器作为滑移驱动设备。液压爬行器为组合式结构，一端以楔形夹块与滑移轨道连接，另一端以铰接点形式与滑移胎架或者构件连接，中间利用液压油缸驱动爬行。

自锁型液压爬行器（见图 5.3）是一种能自动夹紧轨道形成反力，从而实现推移的设备。此设备可抛弃反力架，省去反力点加固的问题，省时省力，且由于与被移构件刚性连接，同步控制较易实现，就位精度高。

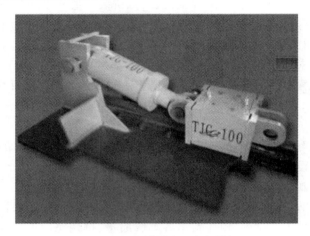

图 5.3　自锁型液压爬行器

液压爬行器的楔形夹块具有单项自锁作用。当油缸伸出时，夹块工作（夹紧），自动锁紧滑移轨道；油缸缩回时，夹块不工作（松开），与油缸同方向移动。液压同步滑移施工步骤见表 5.7。

表 5.7　液压同步滑移施工步骤

序号	施工步骤	示例图片	施工方法及控制要点
1	推动滑移	液压缸（伸缸）　爬行器　夹紧装置　构件　楔块（夹紧）　滑移轨道	爬行器夹紧装置中楔块与滑移轨道夹紧，爬行器液压缸前端活塞杆销轴与滑移构件（或胎架）连接。爬行器液压缸伸缸，推动滑移构件向前滑移
2	滑移行程	液压缸　爬行器　夹紧装置　构件　夹紧楔块　滑移轨道	爬行器液压缸伸缸一个行程，构件向前滑移 300 mm

序号	施工步骤	示例图片	施工方法及控制要点
3	夹紧装置滑移	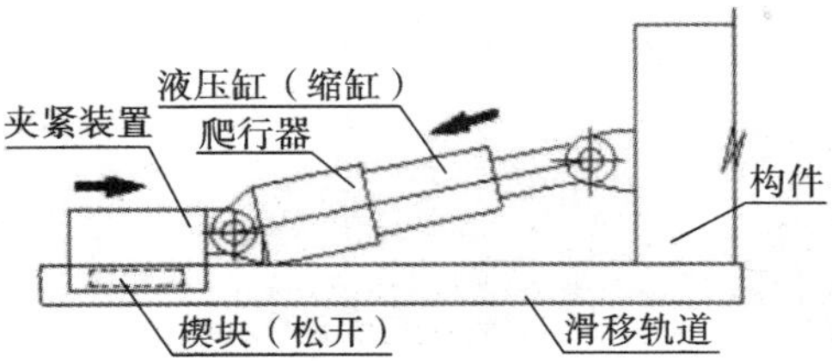	一个行程伸缸完毕,滑移构件不动,爬行器液压缸缩缸,使夹紧装置中楔块与滑移轨道松开,并拖动夹紧装置向前滑移
4	往复滑移	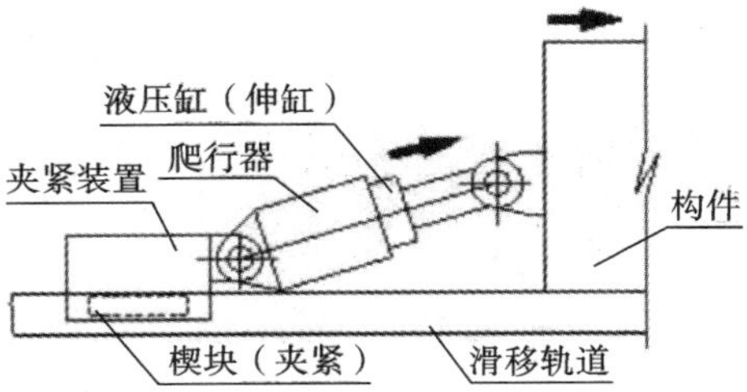	爬行器一个行程缩缸完毕,拖动夹紧装置向前滑移300 mm。一个爬行推进的过程形成完毕,再次执行序号1施工步骤,如此往复使构件滑移至最终位置

液压同步滑移施工技术采用计算机控制,通过数据反馈和控制指令传达,可自动实现同步动作、负载均衡、姿态矫正、应力控制、操作闭锁、过程显示和故障报警等多种功能。

2. 胎架滑移施工

胎架滑移施工步骤见表5.8。

表5.8　胎架滑移施工步骤

序号	施工步骤	示例图片	施工方法及控制要点
1	轨道梁铺设		在大跨度屋面下方的地面或者楼面上铺设滑移轨道
2	滑移胎架安装		根据屋面分块尺寸及高度,设置相应的滑动支撑胎架。支撑胎架与滑移轨道间加设自锁型液压爬行器

序号	施工步骤	示例图片	施工方法及控制要点
3	屋面结构拼装		在轨道一端拼装、焊接首块屋面结构
4	拼装完成准备试滑		首块屋面结构焊装完成后,利用自锁型液压爬行器,进行 500 mm 的试滑
5	第一分块滑移就位		将第一分块沿轨道滑移至指定位置就位安装
6	后续安装		将胎架滑移至初始位置,拼装焊接中间分块,并沿轨道滑移至指定位置就位安装。按此方法依次完成后续分块安装

3. 结构滑移施工

结构滑移施工步骤见表5.9。

表 5.9 结构滑移施工步骤

序号	施工步骤	示例图片	施工方法及控制要点
1	铺设导轨及拼装胎架		利用原有柱间框架梁在梁上及柱顶沿滑移方向通长铺设滑移轨道,导轨悬空处的下方加设支撑胎架。在框架梁顶部通长铺设 50 mm 厚钢板垫平,滑移轨道与钢板通过压板固定,每间隔 1 m 设置一组压板。轨道压板顶部与轨道上表面间距不小于 90 mm。每分段轨道对接时,对接口的上表面及两侧面应严格对齐。滑移起始端应根据结构分块尺寸及高度,设置拼装胎架
2	首块拼装与滑移		将散件吊运至拼装的胎架上,在滑移起始端拼装首块屋面结构,完成整体测量矫正、焊接、复测及验收。将自锁型液压爬行器与滑移轨道和首个滑移块相连,通过预先设置的滑道和计算机控制的液压同步滑移设备顶推滑移首块,直至预留出第二块结构拼装位置

序号	施工步骤	示例图片	施工方法及控制要点
3	第二块拼装与滑移		在滑移起始端拼装第二块屋面结构,并将其与首块结构进行连接安装,完成整体测量矫正、焊接、复测及验收。沿用序号1施工步骤的方法,将首块和第二块屋面结构滑移,预留出第三块结构拼装位置
4	依次滑移拼装		按照上述步骤依次进行屋面结构单块拼装及整体滑移,直至整个屋面结构滑移就位,最后进行验收

序号	施工步骤	示例图片	施工方法及控制要点
5	整体卸载		钢屋盖滑移到位后,在柱头屋盖支座处设置千斤顶,在悬空导轨支撑胎架的节点支座处设置千斤顶。同步顶起钢屋盖网架,拆除柱顶上的滑移轨道,再将所有支座(钢屋盖网架)同步下降至柱头上就位。最后割除节点的措施支座
6	整体就位		拆除拼装胎架及导轨支撑胎架

5.3.4 整体提升施工

整体提升施工步骤见表 5.10。

表 5.10 整体提升施工步骤

序号	施工步骤	示例图片	施工方法及控制要点
1	结构拼装及提升吊点布置		在拼装胎架上拼装结构，安装提升平台，放置提升器，提升器通过钢绞线与下提升点连接
2	系统调试及预提升		结构拼装完成后，提升器分级加载，使网架整体脱离胎架约 100 mm 后，停止提升。液压缸锁紧，结构静置至少 12 小时，检查结构、临时杆件、提升点和提升支架等结构有无异常情况
3	整体提升施工		检查无误后，同步提升整体
4	提升就位		整体同步提升至设计标高处，提升器微调作业，结构精确就位。液压缸锁紧，安装后补杆件
5	提升器卸载		提升器卸载，结构落在柱顶支座上，拆除提升设备、提升平台等临时设施

1. 整体提升施工技术措施

一般情况下,整体提升施工吨位大、提升跨度大、提升作业风险大,所以要提前准备好各项技术措施保证提升工作顺利进行。

2. 整体提升施工模拟计算

提升段或整体结构受温度、风荷载、自重变形、不均匀沉降等因素的影响,其影响分析须通过施工模拟计算确定,以提出指导性的措施,如可提升风力等级、反变形起拱预调值、改变卸载顺序等。整体提升施工模拟计算如图5.4所示。

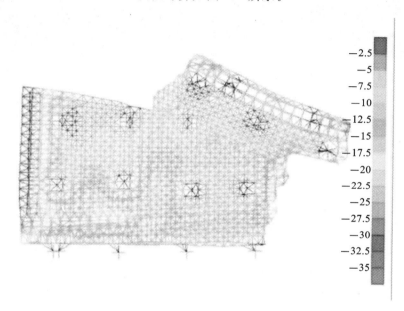

图 5.4　整体提升施工模拟计算

3. 拼装平台施工

根据提升段及项目场地情况,可选择地面拼装、支架上拼装、钢平台拼装等措施。以重庆来福士广场钢结构拼装平台为例,由于提升段下方为裙房天窗,设置钢平台一方面可以作为天窗区域的硬防护,另一方面可以保证工人在拼装焊接时有足够安全的操作平台,与下部裙房形成安全隔离。此外,连廊施工期间,下部裙房天窗的机电、装饰等可正常进行,可为业主节约大量工期。钢平台也可作为幕墙单位拼装连廊外围护幕墙使用,相较于利用胎架拼装更安全、更方便、更快捷。拼装平台施工示意如图5.5所示,拼装平台应用实景如图5.6所示。

4. 提升支架设计

提升支架结构用于放置提升器,并承受整个提升过程中的全部提升荷载,所以提升支架的结构设计很关键。A类提升支架设计示意如图5.7所示,B类提升支架设计示意如图5.8所示。

5. 提升加固措施

提升作业时,有时为了传递荷载及保证提升结构的整体稳定性,需根据结构特点对被

装配式钢结构施工技术

图 5.5　拼装平台施工示意

图 5.6　拼装平台应用实景

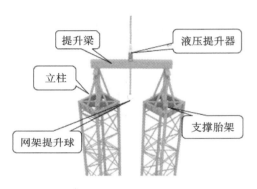

图 5.7　A 类提升支架设计示意

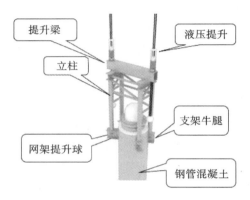

图 5.8　B 类提升支架设计示意

提升结构或提升平台设置临时加固措施。提升平台加固措施如图 5.9 所示,提升结构加固措施如图 5.10 所示。

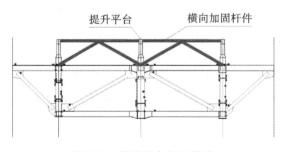

图 5.9　提升平台加固措施

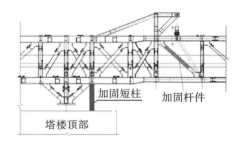

图 5.10　提升结构加固措施

6. 提升吊点

桁架类结构提升吊点通常有托梁式、焊接式和网架类三种。采用托梁式提升吊点时要注意提升托梁的截面尺寸。托梁式提升吊点示意如图 5.11 所示。

焊接式提升吊点可根据提升荷载大小,选取吊点规格,直接将吊具焊接在提升段杆件上。焊接式提升吊点分为两种类型:一是单提升器吊点(见图 5.12);二是双提升器吊点

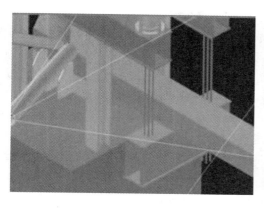

图 5.11 托梁式提升吊点示意

（见图 5.13）。吊具与焊接在桁架上弦杆件上的耳板通过销轴相连。

图 5.12 单提升器吊点   图 5.13 双提升器吊点

网架类提升吊点一般采用临时球吊点（见图 5.14），在支座附近 3～4 根临时杆件交汇处形成提升吊点，也可采用永久焊接球吊具加固吊点（见图 5.15）。

图 5.14 临时球吊点   图 5.15 永久焊接球吊具加固吊点

7. 提升同步性控制措施

提升同步性控制一般采用三重控制体系。一是利用全站仪人工测量,每提升一定距离,都要进行提升高程监测。二是计算机同步控制系统(见图5.16)。液压同步提升施工技术采用行程及位移传感监测和计算机控制,通过数据反馈和控制指令传递,可全自动实现同步动作、负载均衡、姿态矫正、受力控制、操作闭锁、过程显示和故障报警等多种功能。三是激光测距仪系统(见图5.17)。利用射向目标的激光脉冲测量目标距离,即时将被提升构件的位移状态准确地送入计算机系统参与控制。它具有重量轻、体积小、方向性好、抗干扰能力强和隐蔽性好等优点。此外,其测距精度高,误差为其他光学测距仪的五分之一到数百分之一。

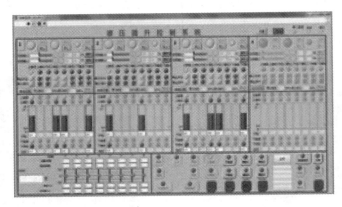

图5.16 计算机同步控制系统界面

图5.17 激光测距系统实景图

8. 抗风拉结措施

提前进行可提升风力等级的计算,并通过提升地区的专项天气预报、提升位置设置风速仪等进行风速监测。一旦风力过大,应停止提升作业,采取抗风拉结措施,将结构与周边结构用钢丝绳进行临时拉结。

9. 提升监控措施

为了保证提升施工过程中的安全性,可根据项目实际情况,在施工过程中选取整体提升段结构的受力较大点位进行应力和应变监测、支座转角监测,对变形较大点进行变形监测,掌握结构在整体提升过程中的受力状态,发现并报告可能出现的安全隐患,以便及时采取措施,确保施工安全。监测点布设示意如图 5.18 所示,支座转角位移监测如图 5.19 所示。

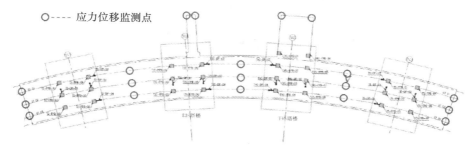

图 5.18　监测点布设示意

图 5.19　支座转角位移监测

6 钢结构施工组织

　　施工组织依据设计文件、承包合同以及工程自身的特点，将人力、资金、材料、机械和施工方法等要素进行科学、合理的安排，在一定时间内实现有组织、有计划、有秩序的施工，使得工程项目质量好、进度快、成本低、安全有保障。

　　施工组织是项目施工管理工作的主要组成部分，它所处的地位与作用直接关系到整个项目的经营成果。具体工程项目在选定了施工方法和方案后，都要进行时间、空间和资源等方面的组织筹划。

　　本章以某栋超高层建筑地上钢结构工程为例来介绍钢结构施工组织的内容及要求。

6.1　案例工程概况

　　该栋超高层建筑地下 4 层、地上 37 层，建筑高度 188.7 m，采用双核心筒型钢混凝土结构。内含不对称的三面悬挑双裙楼，建筑钢材用量约 1.3 万吨。钢结构截面主要为"箱"形、"H"形、"十"字形，钢材材质为 Q345B、Q345C、Q390C，最大板厚 60 mm。该超高层建筑用钢量统计见表 6.1。

表 6.1　案例中超高层建筑用钢量统计

序号	构件	工程量/t
1	箱形柱	700
2	十字形柱	3700
3	H 形柱	1140
4	H 形钢梁	6760
5	埋件及其他构件	500
6	合计	12800

用钢量占比图

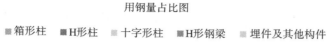

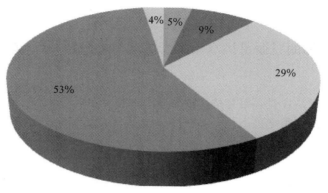

6.2　工　程　目　标

案例工程目标见表6.2。

表6.2　案例工程目标

名称	目标
质量目标	达到《钢结构工程施工质量验收标准》(GB 50205—2020)的"合格"标准,获得鲁班奖
进度目标	严格履行合同,在合同工期内完成钢结构工程
安全文明施工目标	七杜绝:杜绝因公受伤、死亡事故;杜绝坍塌伤害事故;杜绝物体打击事故;杜绝高处坠落事故;杜绝机械伤害事故;杜绝触电事故;杜绝重大环境事故的发生。 三消灭:消灭违章指挥;消灭违章作业;消灭"惯性事故"。 二控制:控制年负伤率,负轻伤率控制在3‰以内;控制年安全事故率。 一创建:达到广东省安全文明施工示范工地要求
服务目标	抽调有经验的施工队伍,调集良好的设备,精心组织施工,充分发挥管理、设备、技术优势,为本项目的顺利建成作出贡献。奉行"客户至上"的原则,严格过程控制,不断开拓创新,创造优质产品,追求完美服务。真正做到质量第一,服务周到,让业主、总包单位满意

6.3 工程重难点分析及对策

6.3.1 不对称的三面悬挑双裙楼安装难点的分析与对策

1.分析

该建筑最大特点是含有不对称的三面悬挑双裙楼,立面上设置两片裙楼,平面上仅有三面悬挑且每面悬挑的跨度也不同。如何完成悬挑裙楼的安装,确保悬挑安装对塔楼结构受力影响最小是本工程的一大难点。

2.对策

(1)跟随塔楼主体安装 2F～5F 裙楼的框架部分,接着安装 3F～5F 的悬挑部分,2F～5F 的框架部分混凝土浇筑完毕并达到混凝土 100% 强度后悬挑卸载,最后安装 6F～8F 的悬挑部分。在此安装过程中,塔楼正常向上施工。

(2)悬挑安装方法及流程:桁架下方设置临时支撑→散装桁架→安装桁架之间的钢梁→整层结构形成整体→卸载。

(3)为减少卸载对结构受力的影响,采用对称卸载,以塔楼南北方向中心线为对称线,东西方向的对称两点同时卸载。

(4)施工前编制悬挑部分的专项施工方案并组织专家论证,从技术上保证结构安全、施工安全。

6.3.2 厚板焊接层状撕裂控制难点的分析与对策

1.分析

本工程最大钢板厚 60 mm,且含有大量超过 40 mm 厚的钢板,其结构传力体系复杂,厚板采用的 Z 向性能钢可以解决材料本身对层状撕裂的影响,但仍不能忽略工艺因素对节点层状撕裂倾向的影响。

2.对策

(1)对层状撕裂的产生机理和危害性进行认识并重视,根据节点受力分析,对节点焊接接头进行拘束度分析、残余应力分析、层状撕裂倾向分析,进而制定针对性的工艺并进行贯彻实施。

(2)厚板指派有经验、技术好的焊工焊接。

(3)对节点厚板板边火焰切割面采用手工或动力工具去除淬硬层。

(4)节点的焊接方法采用二氧化碳气保焊,多层多道焊,焊前预热,预热温度不小于 100 ℃,层间温度 150～200 ℃,焊后保温缓冷。

(5)通过合理的装配和焊接顺序减少焊接应力和焊接变形。

6.3.3 大跨度钢梁安装难点的分析与对策

1. 分析

本工程在 4 轴～6 轴之间设置有 24.8 m 的大跨度钢梁,其中较轻的钢梁重约 8 t,较重的钢梁重约 14 t,由于受公路运输条件限制必须采用分段加工。

2. 对策

(1)项目设置的塔吊起重能力大,钢梁在现场地面拼装成整条后一次吊装就位。

(2)设置有足够承载力的专用拼装胎架。

(3)拼装时按设计要求起拱,对接焊缝采用全熔透焊缝,由质量员会同监理验收,并形成记录。

(4)钢梁拼装重点为控制梁两端螺栓孔之间的距离。

6.3.4 钢结构安全防护难点的分析与对策

1. 分析

超高层建筑存在高空作业,安全防护难度大。深圳每年 6 月至 11 月为夏季,温度高、台风多,根据工期安排,本工程地上主体施工横跨 2020 年,施工受台风影响程度大。

2. 对策

(1)钢结构施工主要危险事故有高坠、物体打击、火灾、触电等,依据集团安全标准化手册进行安全措施的配置。加强高空焊接操作平台、楼层钢梁水平兜网、临边挑网等重点部位的安全管理,确保钢结构施工安全。

(2)钢结构各工序之间的垂直施工顺序须合理地避开高位作业区,交叉作业时,做好安全技术交底。

(3)台风季节做好特殊季节施工措施。

6.4　施工管理组织架构

施工管理组织架构如图 6.1 所示。

6.4.1　项目经理职责

(1)贯彻执行国家、地方政府的有关法律、法规、方针、政策和强制性标准,执行公司管理制度,维护公司的合法利益。

(2)履行项目责任承包合同规定的任务。

(3)在授权范围内,根据工程合同范围,协调建设单位、监理单位、质监站等单位的关系,按时参加协调会,定期召开各分包单位协调会。

(4)制定项目质量、安全等方面的管理规章制度,加强项目班子管理及班子建设。

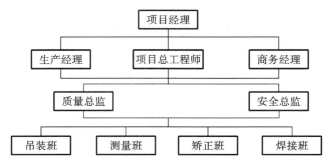

图 6.1 施工管理组织架构

(5)组织实施施工组织设计、施工计划、技术管理、安全生产、文明施工。

(6)项目经理为项目安全生产第一责任人。

(7)执行环境与职业健康安全责任制,加强环境与职业健康安全教育。

6.4.2　项目总工程师职责

(1)认真贯彻国家技术标准、规范、规程,接受上级部门的监督检查。

(2)在上级技术部门的指导下,对项目的工程技术、质量管理负直接责任。

(3)组织专业技术、质检人员进行项目工程质量检查,并将工程质量检查结果通知相关单位,及时处理各种技术问题,参与分部分项工程的质量评定工作。

(4)参加承建工程的设计交底和图纸会审,主持编制各关键工序的施工方案和作业指导书,负责向工长进行交底工作。

(5)负责全面质量管理工作,制定项目技术管理制度、质量保证措施,主持项目质量保证计划和项目质量保证体系的编制及修改。

(6)积极推广新技术、新材料、新工艺,并负责资料收集、整理,撰写施工技术总结。

6.4.3　生产经理职责

(1)在项目经理的领导下,直接负责落实项目内的生产任务。

(2)开展全面质量管理,坚持施工中的三检制度。

(3)组织项目内的质量、安全检查,及时纠正施工中的质量通病,消除安全隐患。

(4)积极改善劳动条件,保证安全措施费用的使用。

(5)负责劳动力、材料、机具的合理安排和使用,保证合同工期的实现,严禁安排无证人员上岗作业。

(6)负责安全生产现场管理,对项目内的安全文明施工负直接领导责任,杜绝重大伤亡事故的发生。

(7)监督执行环境与职业健康安全责任制,加强环境与职业健康安全教育。

(8)督促各工段遵守有关管理条例。

6.4.4   商务经理职责

(1)负责审查本项目工程计量和造价管理工作。

(2)审查合理化建议的费用节省情况。

(3)收集、整理成本控制资料,编制成本控制日志。

6.4.5   质量总监职责

(1)在项目经理的领导下,针对工程特点编制质量创优计划,正确设立质量控制节点。

(2)认真学习和贯彻公司质量方针、目标,保证质量体系在项目中的有效运行,确保工程质量。

(3)按照国家、行业技术规程、规范、标准、施工组织设计的规定,做好材料、设备、工程产品(含过程产品)的质量检验工作。

(4)参加项目部的施工图纸会审、技术交底工作,熟悉设计文件、施工图纸,并对施工作业工作做好交底工作。

(5)参与制定和实施工程质量创优措施,组织分部、分项工程质量检查及工程施工技术总结。

(6)对分管的施工产品质量直接负责。

(7)对违反技术、质量操作规程的作业行为进行制止、纠正,并按规定权限处置。

(8)对违反规定使用不合格产品、未经检验产品的人和事,有权越级上报。

6.4.6   安全总监职责

(1)严格执行国家、行业、公司有关安全工作法规和标准,保证职业健康安全管理体系在项目的有效运行,确保施工安全生产。

(2)建立项目的安全保证体系及各项安全制度。

(3)参与拟定并熟悉施工组织设计中的安全技术措施,协助项目经理逐项落实。

(4)组织项目安全检查,做好日常安全检查工作,对分管的安全工作负责。

(5)积极提出安全生产合理化建议,促进安全生产。

(6)参加工伤事故的调查、分析和事故的统计上报,及时督促、检查整改措施的落实。

(7)有权制止违章,对违反安全作业的人和事有权指正,情况严重的有权停止相关作业,并及时报告主管领导。

6.5   施 工 部 署

6.5.1   施工分区

整个建筑分成塔楼和裙楼两大区域,塔楼分为核心筒施工区和外框架施工区,裙楼分成 2F～5F 框架、3F～5F 悬挑和 6F～8F 悬挑三个区域。塔楼平面施工分区见图 6.2。

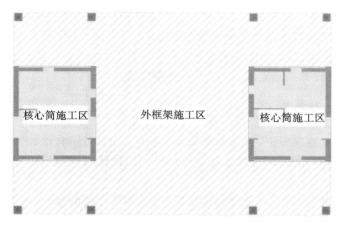

图 6.2 塔楼平面施工分区

6.5.2 施工思路

根据施工规划,现场布置两台臂长 50 m 的 ZSC1000 和 ZTT7535-20 塔吊。ZSC1000 塔吊臂长 50 m 时 2 倍率起重性能见表 6.3,ZTT7535-20 塔吊臂长 50 m 时 4 倍率起重性能见表 6.4。

表 6.3 ZSC1000 塔吊臂长 50 m 时 2 倍率起重性能

幅度/m	3～21	22.5	25	27.5	30	37.5	40	42.5	45	50
起重量/t	50	44.8	39.8	35.7	32.5	24.9	23	21.4	19.9	18

表 6.4 ZTT7535-20 塔吊臂长 50 m 时 4 倍率起重性能

幅度/m	3～19.62	20	25	30	35	40	45	50
起重量/t	20	19.56	15.05	12.09	10.01	8.45	7.25	6.3

地上钢结构采用 ZSC1000、ZTT7535-20 塔吊安装,施工内容如下:塔楼核心筒内劲性钢柱钢梁安装、塔楼外框劲性钢柱安装、塔楼外露楼层钢梁安装、裙楼钢结构安装、压型钢板铺设、涂防火涂料。施工思路如表 6.5 所示。

表 6.5 施工思路

项目	位置	安装方法概述
钢柱	塔楼和裙楼	核心筒内钢柱"一层一节"或"两层一节"、核心筒外钢柱"两层一节",采用无缆风绳矫正工艺,通过控制柱顶的三维坐标保证安装精度
钢梁	塔楼和裙楼	①4 轴～6 轴的大跨度钢梁分段加工,在地面拼装成整体后直接吊装就位;其余跨度较小的钢梁无须分段加工,进场后直接用塔吊吊装就位,为提高吊装效率,轻钢梁可采用串吊的形式; ②钢梁的安装应先下层后上层,先安装主钢梁后安装次钢梁

项目	位置	安装方法概述
悬挑	裙楼	①跟随外框同时施工,此过程中塔楼正常向上施工; ②悬挑采用设置临时支撑、整体成型后东西方向对称卸载的安装方法
压型钢板	塔楼和裙楼	在完成相应楼层的钢梁安装,具备压型钢板安装条件后安装。压型钢板成捆采用塔吊吊至相应楼层,铺设完成后通过焊接栓钉与钢梁连接
防火涂料	外露钢结构	①厚涂型防火涂料采用喷涂法施工; ②薄涂型防火涂料采用喷涂法或者滚涂法施工

6.5.3 施工总流程

施工总流程见图 6.3。

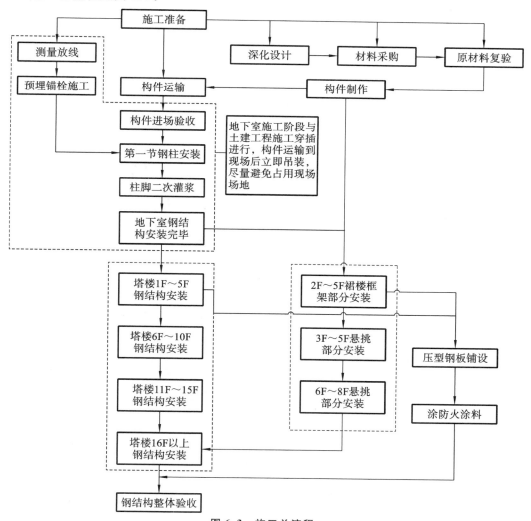

图 6.3 施工总流程

6.5.4 施工顺序

施工顺序见表 6.6。

表 6.6 施工顺序

施工说明	示例图片
核心筒施工到第 9 层,开始安装塔楼外框钢结构	
核心筒施工到第 15 层,塔楼外框钢结构施工到第 9 层	
核心筒施工到第 25 层,塔楼外框钢结构施工到第 19 层,开始穿插裙楼 2～5 层外框钢结构施工	

施工说明	示例图片
核心筒施工至第34层,塔楼外框钢结构施工至第28层,裙楼2～5层外框钢结构安装完成,此时开始安装临时支撑和2～3层悬挑钢结构	
核心筒封顶,塔楼外框钢结构施工至第37层,3～5层悬挑钢结构安装完毕,此时开始安装6～8层临时支撑及悬挑钢结构	
塔楼外框钢结构封顶,6～8层悬挑钢结构安装完成,整个项目的钢结构竣工	

6.6 进度计划及工期保证措施

6.6.1 进度计划

地上钢结构开工日期暂定为 2020 年 1 月 10 日,竣工日期为 2021 年 1 月 21 日。正式开工日期以下达的开工指令为准,具体开工工期需要根据图纸下发时间及现场土建工程实际施工情况进行调整,其中图纸深化设计、材料采购、构件生产加工等工作任务分批次提前安排。施工进度计划见表 6.7。

表 6.7 施工进度计划

施工部位	施工项目	开始时间	完成时间
核心筒	地上核心筒钢结构	2020-1-10	2020-11-28
塔楼外框	地上 1F～9F 钢结构	2020-3-9	2020-5-22
	地上 10F～17F 钢结构	2020-5-23	2020-9-11
	地上 18F～屋面构架层钢结构	2020-9-12	2021-1-7
裙楼外框	裙楼外框钢结构穿插施工	2020-7-3	2020-11-15
塔楼＋裙楼	压型钢板铺设	2020-5-31	2020-12-31
	防火、防腐施工	2020-8-19	2021-1-21

6.6.2 工期保证措施

工期保证措施见表 6.8。

表 6.8 工期保证措施

组织措施	①实施项目经理责任制,对工程行使组织、指挥、协调、实施、监督五项基本职能,确保指令畅通、令行禁止、重信誉、守合同; ②加强与业主、监理、设计单位的合作与协调,对施工过程中出现的问题及时达成共识; ③积极协助业主完成材料设备的选择和招标工作,为工程顺利实施创造良好的环境和条件
管理保证	建立现场协调例会制度,每周一召开一次现场协调会,通过现场协调的形式和业主、监理单位、设计单位一起到现场解决现场施工中存在的问题,加强各方的协调,提高工作效率,确保进度计划的有效实施

物资保证	①物资及设备部根据施工进度计划,每月编制物资需用量计划和采购计划,按施工进度计划要求进场; ②项目实验员对进场物资及时取样送检,并将检测结果及时呈报监理工程师
制度保证措施	每天下班前召开碰头会,对完成的进度进行检查,对开始情况、完成情况进行分析,提出纠偏措施、及时解决生产协调中的问题,及时整改。每周召开2次有指定劳务参加的工程例会,不定期召开专题会,及时解决影响进度的重大问题。相关部门上报材料需求计划,由材料部门负责督促购买。掌握关键线路施工项目的资源配置,对于非关键线路施工上的项目也要分析进度的合理性,避免非关键线路以后变成关键线路,给工程进度控制造成不利影响
节假日进度管理	本工程拟定施工时间内包括元旦、春节、农忙等特殊时段,在这些特殊时段内采取以下措施。 ①组织劳动力,降低特殊时段降效影响,确保工程总控制进度计划的有效实施; ②施工现场管理人员坚守工作岗位,根据实际情况轮流安排管理人员调休,并在此之前做好工作交接,确保工作的连续性; ③加强现场检查与巡视,落实预防措施,杜绝事故隐患; ④提前制定材料进场计划,做好钢筋、钢构件及其他材料的储备; ⑤根据特殊时段交通状况,提前落实材料运输车辆的行驶路线,确保材料运输及时与通畅; ⑥对委托加工的半成品、构件提前与加工厂商联系,以确保半成品、构件能按照原定计划组织进场; ⑦节假日应提前与监理工程师预约,确保现场有监理工程师值班,保证隐蔽工程或中间验收工作的连续性; ⑧特殊时段施工时应加强现场文明施工、消防管理,完善防噪声、防尘措施,保持现场及周围的市容环境卫生

6.7 施工准备及资源计划

6.7.1 施工准备

1. 技术准备

(1)落实本项目应配置的主要规范、标准、图集清单为有效版本。

(2)测量基准点移交、复测及交底。考虑本工程的重要性和测量的复杂性,对专业测量技术人员要精挑细选、反复审核。测量技术人员必须具备扎实的理论基础,丰富的实操技术,且计算思维缜密,能完成工程中的各种复杂的计算。对所有施测人员进行专业技术交底、安全技术培训及环保培训等。

(3)图纸会审。项目初期由总包单位组织图纸会审交底会,根据目前图纸情况,将问题反馈给监理单位、设计单位及业主单位;项目人员应熟悉图纸,提出图纸疑问,避免施工误区;根据图纸疑问,提前与设计单位进行沟通,解决施工问题。

(4)提出深化设计要求见表6.9。

表 6.9　深化设计要求

序号	要求
1	在充分熟悉原设计图纸的基础上,保证深化图的进度和质量,综合考虑工程自身的特点,选用适当的深化设计绘图软件。本工程塔楼主体结构和塔冠采用 Tekla Structures 软件进行深化设计
2	设计人员必须按相应制图标准的规定进行设计和绘图,以保证深化图的正确性和整个工程项目深化图的图面统一性
3	提交相关专业设计条件图。总承包单位应在规定时限内收集结构、机电、幕墙及装饰分包商等对钢结构深化设计的要求,初审后以条件图或其他正式文件的形式提交给钢结构施工深化设计单位
4	深化图必须经指定的校对审核人员审核,经审核无误后报总承包技术工程师审定
5	经审定批准的图纸,按程序分批提交各方审批

(5)施工方案编制计划见表6.10。

表 6.10　施工方案编制计划

序号	方案名称	编制人	计划完成时间
1	地上钢结构施工专项方案	—	—
2	悬挑钢结构专项施工方案	—	—
3	焊接专项方案	—	—
4	焊接工艺评定方案	—	—
5	应急预案	—	—
6	组合楼板施工方案	—	—
7	防火涂装方案	—	—
8	制作方案	—	—

2. 现场准备

(1)根据总包单位下发的平面布置图,结合现场实际情况,制定行车路线。

(2)根据目前工程概况,合理制订施工计划,提前对劳务单位进行交底,确保"人""机""物""料"的合理进场。

(3)提前进行劳务入场交底,做好施工准备。

(4)提前进行制作厂交底,合理安排材料采购及构件加工制作,保障现场安装进度。

6.7.2 资源计划

1. 现场劳动力投入计划

现场劳动力按白班和夜班两班考虑,组合楼板和防火涂料按白班考虑,施工高峰期计划投入 103 人,当需要缩短工期时,可临时增加人员。现场劳动力投入计划见图 6.4。

日期\工种	2020年												2021年
	1月	2月	3月	4月	5月	6月	7月	8月	9月	10月	11月	12月	1月
铆工	4	6	6	6	8	8	8	8	8	8	6	6	4
测量工	2	2	2	2	2	2	2	2	2	2	2	2	2
起重工	2	6	6	6	8	8	8	8	8	8	6	6	2
安装工	5	10	10	16	18	18	18	18	18	18	16	16	6
焊工	5	10	10	12	15	15	15	15	15	15	15	12	10
普工	2	4	4	6	12	12	12	12	12	12	12	6	6
螺栓工	2	3	3	5	8	8	8	8	8	8	8	5	8
楼承板工	0	0	0	8	8	12	12	10	12	12	10	8	4
涂装工	0	0	0	0	6	6	6	6	6	12	12	0	8
安防工	3	3	3	4	6	6	6	6	6	6	6	4	2
电工	2	2	2	2	2	2	2	2	2	2	2	2	2
合计	27	46	46	67	93	97	103	103	103	103	95	67	54
备注	地上钢结构施工阶段												

图 6.4 现场劳动力投入计划

2. 现场机械设备计划

现场机械设备计划见表 6.11。

表 6.11 现场机械设备计划

机械设备名称	型号规格	数量	额定功率	用途
塔吊	ZSC1000(50 m 臂长)	1	—	吊装
塔吊	ZTT7535-20(50 m 臂长)	1	—	吊装
二氧化碳焊机	佳士 NB-500 C	12	24.3 kVA	焊接
手工焊机	ZX7-400A	6	16 kW	焊接
空气压缩机	捷豹 ET90	1	7.5 kW	焊接
熔焊栓钉机	JSS2500	1	75 kVA	栓钉焊接
高压无气喷涂机	普特 3625	2	3 kW	涂装
高强螺栓电动扳手	前田	1	1.2 kW	高强螺栓拧紧
角向磨光机	Φ100	10	—	打磨
千斤顶	5~10 t	10	—	调整
超声波探伤仪	CTS-22	1	—	焊缝检测
全站仪	索佳	2	—	测量

机械设备名称	型号规格	数量	额定功率	用途
水准仪	S3	2	—	测量
对讲机	建伍	30	—	通信
安全绳	直径 10 mm 钢丝绳	若干	—	安全防护
灭火器	干粉灭火器	若干	—	安全防护
钢爬梯	宽 0.5 m，步距 0.4 m	若干	—	安全防护

6.8　施工平面布置

6.8.1　施工总平面布置原则及依据

1.钢结构施工平面布置依据

(1)项目总平面布置图。

(2)现场红线、临界线、水源、电源位置以及现场勘查成果。

(3)总平面图、建筑平面图等。

(4)总进度计划及资源需用量计划。

(5)安全文明施工及环境保护要求。

2.钢结构施工平面布置原则

(1)考虑各专业需求，结合钢结构自身特点，符合整个项目的管理协调原则。

(2)经济实用、合理方便。

(3)施工平面分阶段布置，现场实行动态调整，分阶段进行构件堆放场地的规划，以满足各阶段的施工要求。

(4)合理规划场内施工道路，优化成品和半成品材料堆放地点，避免场内二次搬运，减少运输费用。

(5)钢构件堆场设置在靠近塔吊起吊的区域，以满足构件的起吊性能要求，原则上每台塔吊至少需要设置一块钢结构堆场，以保证塔吊的正常使用。

(6)场内施工道路的设置应满足钢构件的卸车要求及运输车辆的出场需要。

3.堆场设置要求

(1)堆场应硬化处理，承载能力不小于 25 kN/m²。

(2)构件进场前 7 天，事先到项目部处签发准运单。

(3)构件到场时，由工地门岗保安人员检验后放行进场。

(4)构件进场后，应按指定的地方卸货堆放，做到码放整齐。

4.场内道路设置要求

(1)承载能力不小于 30 kN/m²。

（2）宽度不小于 4 m，最小转弯半径不小于 6 m。

5. 施工平面布置

施工时东侧设置 182 m² 堆场、西侧设置 68 m² 堆场。在东侧和南侧设一条 L 形运输道路用来连通工地内外，从中心路的大门进工地，从海德三道的大门出工地。钢结构施工平面布置如图 6.5 所示。

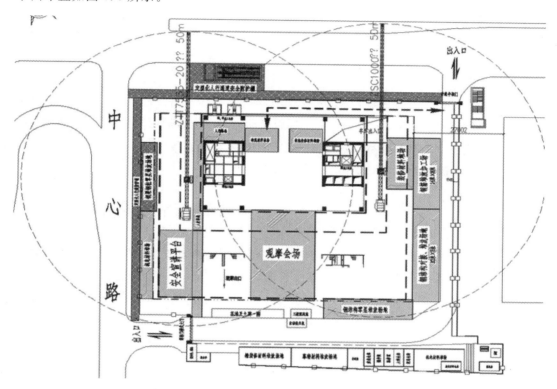

图 6.5　钢结构施工平面布置

6.8.2　现场钢结构施工临时用电布置

本工程临时施工现场用电采用三级配电系统。三级配电是指施工现场从电源进线开始至用电设备中间应经过三级配电装置配送，即由总配电箱，经分配电箱（负荷或用电设备相对集中处），到开关箱（用电设备处）分三个层次逐级配送电力。开关箱作为末级配电装置，与用电设备之间必须实行"一机一闸制"，即每一台用电设备必须有自己专用的控制开关箱，且动力与照明应分路设置。

根据工程实际情况，现场主要用电施工机械设备明细如表 6.12 所示。

表 6.12　现场主要用电施工机械设备明细

序号	名称	规格/型号	功率	数量
1	二氧化碳焊机	佳士 NB-500C	24.3 kVA	12
2	手工焊机	ZX7-400A	16 kW	6

序号	名称	规格/型号	功率	数量
3	空气压缩机	捷豹 ET90	7.5 kW	1
4	熔焊栓钉机	JSS2500	75 kVA	1
5	高压无气喷涂机	普特 3625	3 kW	2
6	高强螺栓电动扳手	前田	1.2 kW	1

注：拼装安装，塔吊用电线路单独设置，此处未计。

用电计算公式如式(6.1)所示。

$$P = 1.1K \sum P_c \tag{6.1}$$

式中，P 为计算用电量(kW)；$\sum P_c$ 为全部施工动力用电设备额定用量之和；K 为全部施工动力用电设备同时使用系数，取 0.75；1.1 为用电不均匀系数。

将表 6.12 中的数据代入式(6.1)，计算结果如下。

$$P = 1.1K \sum P_c$$
$$= 1.1 \times 0.75 \times (24.3 \times 12 + 16 \times 6 + 7.5 \times 1 + 75 \times 1 + 3 \times 2 + 1.2 \times 1)$$
$$\approx 394 \text{ kW}$$

在核心筒配置一个 100 kW 的二级电箱，在楼层配置两个 200 kW 的二级电箱。现场临时用电平面图按施工总承包方要求进行布置。

7 钢结构施工安全管理

7.1 安全风险分析

7.1.1 风险分类

1. 施工中的主要安全伤害形式

高空坠落、物体打击、电气伤害、机械伤害等。

2. 起重作业的安全风险

(1)工人违章操作、违章指挥或违反操作规程。

(2)吊装危险区域的安全风险。吊装危险区域时必须有专人监护,非施工人员不得进入;吊装危险区域应划警戒区域,用警示绳围护;起吊物下方不得站人。

(3)违章操作吊机的安全风险。起吊时,吊钩应与地面成 90°,严禁斜拉斜吊、严禁横向起吊。

(4)使用吊装设备的安全风险。吊机站位处,应确保地基有足够承载力;吊机旋转部分,应与周围固定物有不小于 1 m 的空间距离。

3. 使用电气设备的安全风险

(1)工人违章用电。

(2)违章使用电焊机或其他电气设备。

(3)电焊机使用时,焊把线不超过 30 m。电焊机与电焊机之间的一次侧的接线长度不大于 5 m。焊把线如有破皮,须用绝缘胶布包裹三道。

4. 动火作业的安全风险

(1)焊、割作业不准在油漆、稀释剂等易燃易爆物上方作业。

(2)高处焊接作业时,下方应设专人监护,应采取接火或隔离措施。

(3)进入施工现场作业区,特别是在易燃易爆物周围时,严禁吸烟。

5. 高处坠物的安全风险

(1)高处作业时,工具应装入工具袋中,随用随取。

(2)高处作业时,工具手柄必须穿上绳子套在安全带或手腕上。

（3）高处作业时，拆下的废料应及时清理到地面，不得随意抛掷。

7.1.2　风险管理应对

根据风险分析及现场安全防护实际情况，对工程职业健康安全危害因素进行识别，制定相应管理及预防措施，并定期开展安全演练。重大职业安全健康因素及管理措施见表7.1。

表 7.1　重大职业安全健康因素及管理措施表

风险点	造成原因	管理措施
钢结构安装	高空作业，属于重大危险源	①严格按照钢结构安装方案施工； ②按方案要求严格设置各种防护措施； ③专业工长、安全员旁站监督，指导作业
小物件安装造成的物体打击	起吊构件、临时耳板割除、操作架安装与拆除时，安全防护不到位、安全警戒不善、无专人监管、违章作业	①对作业人员进行安全教育培训，提高作业人员安全意识和安全操作技能； ②进入施工现场必须戴好安全帽； ③施工组织尽量避免上下交叉作业，无法避免时要按规范搭设好隔离防护措施； ④定期对用于吊装的挂钩、卡环、钢丝绳、铁扁担等进行检测； ⑤施工过程中严格监督检查，操作平台应搭设稳固、及时清理施工过程中垃圾。如发现违章指挥、违章操作应勒令禁止，发现安全防护设施有缺陷时及时监督完善
钢筋桁架楼承板的施工	钢筋桁架楼承板施工常产生多种危险源，如下层无安全网、安全带无法挂钩、铺设后无点焊固定、"四口""五临边"等，极易造成人员坠落及物体坠落伤人事故	①做好专项施工安全交底； ②按规范使用安全网、安全带，做到随铺随焊； ③材料在楼层上摆放稳固，不散装放置，零星板料回收加固； ④做好"四口""五临边"防护
动火作业	焊接施工中电、气焊火花管理不规范；易燃易爆物和气瓶等堆放管理不规范；临时动火操作防火不符合规定；消防器材配备不齐全	①对作业人员进行消防安全教育培训，提高作业人员消防安全意识； ②明火作业时办理动火证，并设置专职看火员； ③焊接作业面下方有空洞时设置接火盆，临边焊接时需设置防火布； ④易燃易爆物和气瓶堆放要远离焊接作业，并保持空气畅通且远离电源线等； ⑤合理配置各类有效消防器材

风险点	造成原因	管理措施
违章作业造成的高处坠落	临边防护作业和高空行走过程中的违章、无防护、不规范防护；操作架、爬梯搭设与拆除以及登高或悬空作业过程中的违章、无防护、不规范防护	①对作业人员进行安全教育培训,提高作业人员安全意识和安全操作技能; ②高空作业人员必须配置安全带,悬空、攀登等作业必须拴挂安全带,采用防坠器或安全绳等防坠措施; ③做好安全防护措施,钢构件上建立竖向安全通道,洞口必须按规范搭设好安全防护栏杆以及安全扶绳; ④施工过程中严格监督检查,若发现违章指挥、违章操作应勒令禁止,发现安全防护设施有缺陷时及时监督完善
施工用电	施工用电线路的铺设、使用、检修、拆除过程中违章或防护不规范	①建立施工用电安全警告标识; ②电工须持证上岗; ③机电、物资部门与安全部门对 TN-S 接零保护系统、器材进行验收; ④器材部门购置符合标准规范要求的电缆、电线、漏电保护器及配电箱、开关箱; ⑤施工用电严格执行 TN-S 接零保护系统,同时保证电源端线路架空敷设; ⑥机电设备严格执行"一机、一闸、一漏、一箱"制度,不得使用木质简易配电箱
大风、暴雨等恶劣天气	因大风、暴雨等原因造成构件吹落、物体打击伤害;未严格执行防风防雨应急预案中的相关应急准备工作造成的人员伤亡和重大经济损失	①密切关注天气预报,了解热带风暴动向,以及时作出相应防护措施,必要时启动应急预案; ②清理现场物料,尤其是容易被吹动的物件,必须回收到安全位置并固定好; ③在台风来临前停止一切作业,切断现场电源,禁止人员进入施工区域; ④大风后必须在防风警报撤销后才可作业,作业前检查现场有没有不牢固的物件或构件,以免脱落砸伤,现场线路必须重新检查后方可再次使用

7.1.3　主要危险源及应对措施

1. 主要危险源

1）工人安全意识薄弱

部分工人安全意识薄弱,对于施工安全存有侥幸心理。

2）机械伤害

现场有固定式塔吊、行走式塔吊、汽车吊、履带吊等多种机械进行钢结构的吊装,起吊或落钩作业期间,施工频率较高,极易造成吊钩伤人。在构件倒运与吊装期间,严禁起重臂作业范围下站人，以防意外伤害。

3）吊装危险

在起重机作业期间，指挥不当或配合失误都可能导致构件下坠的安全事故，所造成的后果比较严重，往往造成机械的结构损坏，甚至整个设备的报废，有时还造成人身伤亡或附近设备、建筑物、产品的损毁。

4）现场钢结构高空安装及交叉作业

部分工人高空作业违章施工、管理人员安全意识淡薄、违章指挥、防护设施设置不当、防护产品不合格等均能造成一定的危害。

5）施工现场临时用电

钢结构安装施工临时用电和供电系统规模一般较大。露天配电、供电系统和用电设备遇到雨天或空气湿度较大情况时，容易出现漏电现象；高空钢结构构件安装施工中，易发生触电事故。

6）火灾与爆炸

钢结构安装高空焊接作业工作量大，焊接产生的火花如未采取相应措施收集，则焊接火花从高空散落下来，极容易造成火灾、人员烧伤等事故。

钢结构施工明火切割作业较多，现场布置了氧气、乙炔瓶，氧气、乙炔瓶都是高压下的储气瓶罐，在外力打击、阳光暴晒或火灾等作用下可能发生爆炸，因此是现场不可忽视的重大危险源。

7）其他危险源

其他常规性生产安全危害亦不可忽视，如食堂管理不到位造成群体食物中毒等，足以影响工程的施工进度和工程质量，因此要安全生产，就必须生产安全。

台风也是一个危险源，台风能够导致户外高大设备倒塌（吊车、标语牌、线杆）、松散物飞扬造成设备损害或人员伤害、输配电系统损坏等。

2. 应对措施

主要危险源应对措施见表 7.2。

表 7.2 主要危险源应对措施

序号	项目	说明
1	工人安全意识薄弱	①加强工人管理，强化安全意识教育； ②"三宝"要齐备，操作要规范
2	机械伤害	①吊机司机和指挥人员应持证上岗，应协调一致，配合良好，且安全意识和责任感强； ②尽量避免交叉施工，吊机起落点设定专有位置，吊机运行轨迹固定；在吊臂覆盖的范围下，尽量少安排大规模人员施工，或选择吊机休息时抢时施工
3	吊装危险	①对钢丝绳做经常性更换，防止钢丝绳因过度老化而断裂； ②细小构件用容器装盛，防止散落； ③起吊的物件绑扎结实，整体性好； ④吊点设置合理

续表

序号	项目	说明
4	高空坠落	①现场防护得当,在临边增设防护密目网; ②在现场吊装区下方设置水平网,防止高空坠落
5	施工现场临时用电	①非电工不允许维修电气设备; ②不允许乱搭乱接,造成用电隐患
6	火灾	①现场设置防火水池、沙池等; ②按要求在现场布置数量足够的灭火器
7	爆炸	 丙烷(氧气)集中存放吊装 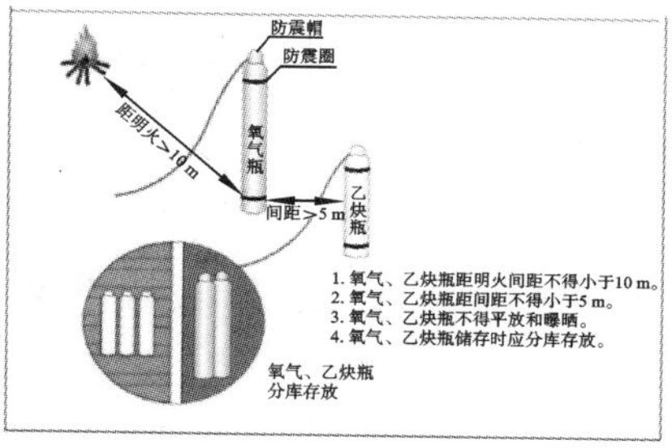　　氧气、乙炔瓶现场安全距离(不小于5 m)
8	现场保卫	①严格执行现场门卫制度,禁止闲杂人等进出工地,建立宿舍管理制度,禁止不良行为发生。 ②建立现场值班制度,招聘保安,做好防火防盗工作

7.2　安全生产管理

7.2.1　安全生产管理目标

职业健康安全生产管理目标见表7.3。

表7.3　职业健康安全生产管理目标

序号	目标
1	获得"××省安全文明施工标准化工地"称号
2	人员死亡事故为0
3	重伤以上事故为0
4	轻伤事故率不大于3‰

序号	目标
5	职业病危害事故为 0
6	环境污染事故为 0
7	群体性公共卫生事件为 0
8	业主投诉、媒体曝光、政府部门通报、政府行政处罚等对企业形象或生产经营造成负面影响的安全责任事件为 0

7.2.2　安全生产管理组织架构

成立以项目经理为首,由项目执行经理、项目技术总工、安全负责人、相关职能部门及施工作业层组成的纵向到底、横向到边的安全生产及环境管理机构,由公司安全管理部提供垂直保障,并接受业主、监理以及政府相关部门的监督。安全生产管理组织架构见图7.1。

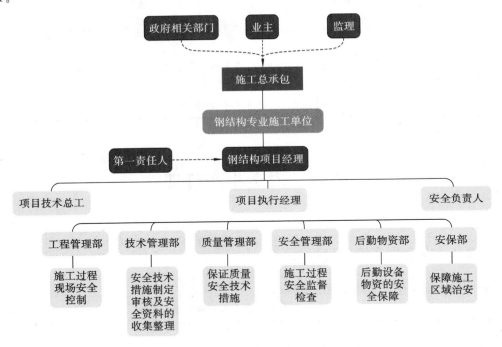

图 7.1　安全生产管理组织架构

7.2.3　安全生产保证体系

(1)建立主体:建设单位、监理单位、施工总承包单位、钢结构专业分包单位、政府安全监督部门。

（2）项目经理部安全管理负责人：项目经理、生产经理（包括施工员、材料员、测量员、后勤保障人员）、技术负责人（包括技术员、资料员）、质量安全经理（包括安全员）。

（3）运行的主体：职业健康安全管理体系、安全文明施工、施工环境保护。

7.2.4 工程安全岗位职责

管理人员安全生产的岗位责任见表7.4。

表7.4 管理人员安全生产的岗位责任

序号	岗位	岗位职责
1	项目经理	①项目经理是施工现场安全文明管理与环境保护的第一责任人，负责建立健全安全文明管理与环境保护责任制和有关安全文明管理与环境保护的规章制度； ②全面负责施工现场的安全管理、文明施工、环保施工等，保证施工现场的安全，组织施工过程的策划，组织编制职业健康安全与环境管理规划和管理方案的制定、实施、检查、落实等
2	项目技术总工	①参与或主持编制项目职业健康安全与环境管理方案、管理规划，落实责任并组织实施； ②组织项目经理部的质量、职业健康安全与环境意识教育和专业技能培训； ③贯彻安全生产方针政策，执行安全消防技术规程、规范、标准及合约规定； ④协助项目经理制定本项目安全文明管理与环境保护管理办法和各项规章制度，并监督实施； ⑤组织人员编制安全技术措施和分部工程安全方案，督促安全措施落实，解决施工过程中不安全的技术问题； ⑥组织安全技术交底，组织编制项目应急预案，落实应急准备和响应； ⑦每周一次进行安全文明、环境检查，对不利因素定时、定人、定措施予以解决，并落实查
3	项目执行经理	直接对专业项目安全文明管理与环境保护负责，督促专业项目施工全过程的安全文明管理与环境保护，纠正违章，配合有关部门排除施工不安全因素，安排项目经理部安全活动及安全教育的开展，监督劳保用品的发放和使用，并按规定组织检查、做好记录
4	安全负责人	①对安全文明管理与环境保护工作负直接责任； ②执行国家、深圳市有关安全文明管理与环境保护的方针、政策、法规和各项规章制度； ③参与制定并执行项目安全文明管理与环境保护管理办法； ④落实有关安全消防管理规定，对进场工人进行安全消防教育和培训，强化职工的安全意识和消防观念； ⑤组织现场安全文明管理、环境保护、消防措施的检查，出现问题及时处理

序号	岗位	岗位职责
5	安全工程师	①执行国家、深圳市安全文明管理与环境保护的方针、政策、法规和各项规章制度,执行项目安全文明管理与环境保护管理办法和要求; ②对进场工人进行安全消防教育和培训,指导施工队(班组)正确使用劳保用品及消防设施; ③对工人的安全消防技术交底,强调安全注意事项、不安全因素及可能发生事故的地方; ④深入现场检查安全消防措施的落实情况,若发现不安全因素及时纠正,当出现险情时有权采取果断措施,并对违章指挥、不服从管理、违反安全管理规定的施工队(班组)和个人,按照有关规定给予处罚; ⑤现场发生安全事故时,先采取应急措施,保护好现场,并立即报告; ⑥行使安全文明管理与环境保护奖惩权
6	其他专业工程师	①认真执行上级有关安全文明管理与环境保护规定,合理安排工作,对所管辖消防安全文明管理与环境保护负责; ②负责编制本专业的安全消防技术措施,并对作业班组进行技术交底; ③领导班组完善安全文明管理与环境保护活动,组织班组学习安全消防操作规程及安全规定,指导工人正确使用消防设施和劳保用品; ④经常检查作业环境及各种设备、设施的安全状况,若发现问题及时纠正解决,对重点、特殊部位施工必须检查作业人员及各种设备、设施技术状况是否符合安全消防要求,严格执行安全消防技术交底制度,落实安全消防技术措施; ⑤做好新工人的岗位教育,负责对班组进行安全消防操作方法的检查指导,制止违章行为,以身作则,遵章守纪,确保安全检查生产; ⑥及时消除各级组织检查发现的整改单和自检发现的安全隐患
7	安全管理部	①参加每周一次的安全文明、环境大检查,并做好检查记录。对查出的问题,负责下发隐患整改通知单,并亲自监督整改; ②经常组织安全文明管理与环境保护、消防工作的宣传活动; ③发生安全与环境事故时,首先采取应急措施,保护好现场,并立即报告,按照"四不放过"原则督促改进措施的落实; ④负责收集整理安全文明与环境管理资料,及时向上级主管部门汇报本项目部安全状况,填报安全统计报表,项目竣工后及时整理上报本项目的安全文明与环境管理资料
8	后勤物资部	①根据劳保用品计划及时供货; ②购置的劳保用品必须"三证"齐全(生产许可证、产品合格证、年检证),不符合安全标准的用品必须更换,严禁发放使用; ③按要求做好材料堆放及储存工作,防止坍塌,仓库配备灭火器材; ④组织员工进行安全技术操作规程的教育与学习; ⑤对机械设备的进场、安拆、使用、维护、检修、保养进行管理,保证设备安全运行

7.2.5　安全生产管理制度

安全生产管理制度见表 7.5。

表 7.5　安全生产管理制度

序号	制度名称	主要内容
1	安全技术交底制度	工程开工前,应随同施工组织设计,向参加施工的职工认真进行安全技术交底,并采取逐级安全技术交底制,开工前由技术负责人向全体职工进行交底,两个以上施工队或工种配合施工时,要按工程进度交叉作业交底,班组长每天要向工人进行施工要求、作业环境的安全交底
2	安全检查制度	①项目经理部每半月由项目经理组织一次安全大检查; ②各专业工长和专职安全员每天对所管辖区域的安全防护进行检查,督促各施工班组对安全防护进行完善,消除安全隐患; ③对检查出的安全隐患落实责任人,定期进行整改,并组织复查
3	安全教育管理制度	①新工人入场前应进行安全教育制度学习,特殊工种工人必须参加主管部门的培训班,经考试合格后持证上岗; ②严禁无证上岗作业; ③生产过程中安全教育要结合安全合同,每年进行一次安全技术知识理论考核,并建立考核成绩档案
4	安全用电制度	①工地的用电线路设计、安装必须经有关技术人员审定验收合格后方能使用; ②电工、机械工必须持证上岗
5	班组安全活动制度	①组织班组成员学习并贯彻执行企业、项目工程的安全生产规章制度和安全技术操作规程,制止违章行为; ②组织并参加安全活动,坚持班前讲安全,班中检查安全,班后总结安全
6	安全报告制度	①安全管理机构内各责任人,按规定填写每天的安全报告,报项目质量安全组长; ②对当天的安全隐患巡视结果提出统计报表,对当天的生产活动提出分析因素,提出防范措施; ③现场无重大安全事故的前提下,项目安全主管编写每月安全报告,经项目经理审批后报集团公司和上级安全科; ④如果现场发生重大安全事故,严格按国家规定的申报程序向上级主管部门申报
7	施工组织设计编审制度	①工程开工前,各工程项目部必须编写本工程施工组织设计,要根据工程特点以及所处的环境情况编写,内容要全面具体,并根据工程的施工工艺和施工方法,编写针对性较强的安全技术措施; ②工程专业性较强的项目,如起重吊装、脚手架、临时施工用电等均要编制专项的安全施工组织设计

7.2.6 安全生产管理规定

1. 安全教育与培训

安全教育与培训内容见表 7.6。

表 7.6 安全教育与培训内容

序号	项目	示例图片
1	签订劳动合同:对于每一个进入施工现场的工人签订劳动合同,从法律上保护工人劳动权益,从而保证工人的安全生产。争取做到"不伤害自己,不伤害别人,不被别人伤害"	
2	开展三级安全生产教育:三级安全生产教育分为公司、项目部和班组三个级别,其课时数分别为 15、15、20。每一个新进入工地的人员,以及转换工作岗位的人员都需要进行三级安全生产教育	
3	加强安全知识宣传:增强工人的安全意识,使每个工人心中有安全,手中握安全;高高兴兴上班来,平平安安回家去	

2. 安全个人防护措施

安全个人防护措施见表 7.7。

表 7.7　安全个人防护措施

序号	安全防护措施	示例图片
1	进入施工现场必须戴好安全帽,扣好帽带,正确使用个人劳保用品,严禁穿"三鞋"(高跟鞋、硬底鞋、拖鞋)上岗作业或赤脚作业	
2	遵守劳动纪律,服从领导和安全检查人员的指挥,工作时思想集中,坚守岗位,未经许可不得从事非本工种作业,严禁酒后工作	
3	2 m 以上高处作业、悬空作业,必须系好安全带,扣好保险钩(安全带要高挂低用)	
4	不懂电气和机械的人员,严禁使用和玩弄各种机电设备	

序号	安全防护措施	示例图片
5	施工现场的各种设施（"四口""五临边"防护、安全标志、警示牌、安全操作规程牌等）未经同意，任何人不得任意拆除或挪动	
6	高处作业，严禁往下或往上乱掷工具、材料等物体，不得站在高空作业下方操作。暴风雨过后，上岗前要检查自己的操作地点或脚手架等，如发现有变形等隐患要及时上报管理人员	

3. 其他安全生产管理规定

1）起重吊装的管理规定

（1）吊装前应明确起重吊装安全技术要点和保证安全技术措施。构件运输及吊装方案应经有关技术部门审核、批准后方可进行。

（2）操作各种机械及电动工具的人员，应经专门培训，考试合格后方准上岗，操作时应遵守各种机械及机具的操作规程。

（3）在开始吊装工作前，应对吊装人员进行安全技术教育和安全技术交底及培训；配备好安全防护用品；吊装人员熟悉吊装工程内容、安装方法、程序、使用的机具性能、安全技术要点和措施；吊装人员学习有关安全技术操作规程；吊装人员明确安全生产责任制和具体分工，以及各项安全技术规章制度，并严格执行。

（4）吊装工作开始前，应组织有关部门，根据吊装方案要求，对运输和吊装起重设备以及所有索具、吊环、夹具、卡具、缆风绳等的规格、技术性能进行全面的检查；起重机械要进行试运转，若发现机件转动不灵活或有磨损、损坏、松动等现象，应检查合格方可吊装；重要构件在正式吊装前，应进行试吊，检查各部受力情况，当一切正常后才可进行正式吊装；所有吊装机具，还应定期检查，发现问题，随时处理。

（5）在施工前和施工过程中做好现场清理，清除一切障碍物确保吊装安全操作。现场内各种材料的存放场地和堆放均需符合安全要求，并有详尽的管理措施。

（6）吊装作业应执行交接班制度，交接班时应进行吊装作业有关安全注意事项等内容的交接工作。吊装机具应在交接班时进行安全检查，已磨损或有隐患的吊装机具应及时更换。

（7）遵守起重吊装"十不吊"规定。

①起重臂和吊起的重物正下方有人停留或行走时不准吊。

②起重指挥应由技术培训合格的专职人员担任，无指挥或信号不清不准吊。

③型钢、管材等细长和多根物件必须捆扎牢靠，多点起吊。单头"千斤"或捆扎不牢靠不准吊。

④吊具、吊索、吊点设置不合理时不准吊。

⑤吊装零星物件时必须采用吊笼盛放并码放整齐，否则不准吊。

⑥构件等吊物上有人站立时不准吊。

⑦埋入地面的物件不准吊。

⑧多机作业，应保证所吊重物距离不小于 3 m，在同一轨道上多机作业，无安全措施不准吊。

⑨六级以上强风不准吊。

⑩斜拉重物或超过机械允许荷载不准吊。

（8）防止绳索脱扣、破断的措施如下。

①起吊构件应使用交互捻制的钢丝绳，要求有一定的安全系数，钢丝绳有扭结、变形、断丝、锈蚀等现象时，应降低其使用标准或报废。

②编结绳扣应使各股松紧一致，编结部分的长度应不小于钢丝绳直径的 15 倍，并要大于 300 mm，用卡子连成绳套时，卡子不少于 3 个。

③使用绳卡时，应将有压板的放在长头一面。使用两根以上绳扣吊装时，吊绳间的夹角如大于 100°，应采取防滑措施。用四根钢丝绳扣吊装时，应在绳扣间加铁扁担等调节松紧程度。

（9）构件吊装的要求应符合下列规定。

①当采用一个吊点起吊时，吊点必须位于构件重心上方，保证吊点与构件重心的连线和构件的横截面垂直。

②当采用多个吊点起吊时，应使各吊点吊索拉力的合力作用点位于构件重心上方，使各吊索的汇交点（起重机的吊钩位置）与构件重心的连线和构件的支座面垂直。

③吊装时，高空作业人员应站在操作平台或轻便梯子上工作，操作平台上应设安全防护栏杆或采取其他安全措施。未设立安全防护设施时，严禁在未经固定的其他构件上行走或作业。

④运输、吊装构件时，严禁在被运输、吊装的构件上站人指挥和放置材料或工具。高空往地面运输物件时，应用绳捆好吊下。吊装时，不得在构件上堆放或悬挂零星物件。零星材料和物件必须用吊笼或钢丝绳捆扎牢固后才能吊运。

⑤在构件就位并固定前，不得解开吊装索具或拆除临时固定工具，以防脱落伤人。构

件安装后,必须检查连接质量,确认无误后才能摘钩或拆除临时固定工具。

⑥构件、组件起吊后,如发现部分破裂或松动、有脱落危险时应严禁继续起吊。构件安装后,应检查连接牢固和稳定情况,要紧固必要数量的螺栓,当连接确实安全可靠时,才能松钩、卸索。

⑦雨天、雾天和夜间吊装。高空作业应采取必要的防滑措施,如在上人走道、操作平台及屋面铺设麻袋或草垫,并及时清除通道上的障碍物。夜间作业应有充分的照明设施。

⑧高空作业人员严禁带病作业,施工现场禁止酒后作业。

⑨吊装时应架设风速仪,风力超过6级或雷雨时应禁止吊装,夜间吊装必须保证足够的照明,构件不得悬空过夜。

⑩吊装大、重、新构件和采用新的吊装工艺时,应先进行试吊,确保无问题后,方可正式吊装。

⑪严禁在已吊起钢构件的下面或起重臂旋转范围内有其他工种作业或行走。起重机一次只能进行一个动作,待前一个动作结束后,再进行下一动作。严禁进行附带吊装。

2)高空作业的管理规定

(1)高处作业人员及架设人员必须经过专业技术培训及专业考试合格后,持证上岗,并定期检查身体。

(2)患有下列疾病不能从事高处作业及架设作业:心脏病、高血压、贫血、癫痫病等。

(3)悬空作业处应有牢靠的立足处,并必须视具体情况配置防护栏网、栏杆或其他安全设施。

(4)悬空作业所用的索具、脚手板、吊篮、吊笼、平台等设备均需经过技术鉴定或检证后方可使用。

(5)高处作业之前,应进行安全防护设施的逐项检查和验收,验收合格后,方可进行高处作业。验收也可分段、分层进行。

(6)高处作业必须戴好安全帽、系安全带、穿防滑鞋、衣着灵便。

(7)严禁酒后作业。

(8)在作业中如发现有安全隐患时,必须及时解决,当危及人身安全时,必须停止作业。

(9)高处作业中所用的物料,均应平稳堆放,工具应随手放入工具袋,作业中的走道、通道板应随时清扫干净,不得向下抛掷物件。

(10)遇有4级以上的大风、浓雾等恶劣气候,不得进行露天攀登与悬空高处作业。

3)交叉作业管理规定

(1)吊装、焊接、校正等各工种上下交叉时,不得在同一垂直方向操作。下层作业的位置必须处于上层高度确定的可能坠落的半径范围之外。不符合以上条件时,应设置安全防护隔离层。

(2)支撑架拆除时下方不得有其他操作人员,并设专人监护。拆除后的支撑架临时堆放处距离楼层不应小于1m,楼层边口通道、脚手架边缘等处严禁堆放任何拆下的物件。

(3)上方施工可能坠落物件的一切施工生产活动区,都必须给下方人员警示,设专人监护,且有明显标志。

（4）施工现场交叉作业时，上方操作可能对下方产生威胁性活动时，下方应停止作业。

4）信号指挥和起重作业管理规定

（1）参加起重作业的信号指挥和起重人员必须持证上岗。

（2）信号指挥人员应与履带机组相对固定，无特殊原因不得随意交换，信号指挥人员未经主管负责人同意，不得私自换岗，交接班必须采用当面交接的形式。

（3）信号指挥可以使用口哨、手势、旗语、对讲机等。指挥语言必须符合国家标准，对讲机指挥必须使用普通话，交替使用指挥方式时，指挥人员必须提前告知履带机操作人员，以免与邻近履带指挥信号混淆。

（4）对讲机指挥时，必须严格执行信号指挥人员与履带司机的应答制度，即信号指挥人员发出动作指令时先呼叫被指挥的履带司机，司机应答后，信号指挥人员方可发出履带动作指令。

（5）指挥过程中，信号指挥人员应时刻目视履带机吊钩与被吊物，转臂时还需环顾相邻履带的工作状态，并发出安全提示语言。

（6）指挥人员严格执行"十不吊"的操作规定，确保安全生产。每天工作前必须检查吊索和吊具，凡不合格的吊索和吊具一律不准使用。

4. 构件堆放和运输管理

（1）现场构件堆放场地要坚实，排水要良好，构件应用枕木垫稳，用木杆成组与柱拉牢，防止构件倾倒。构件堆放示意见图 7.2。

图 7.2　构件堆放示意

（2）堆放构件的插放架与靠放架应有足够的刚度，支垫稳定且能防止构件下沉或倾倒。

（3）采用插放架时，宜将相邻插放架连成整体；采用靠放架时，应尽早对称靠放，靠放倾斜度宜保持在 $50°\sim60°$。

（4）构件堆放前应进行检查和整理。高度比大的构件，除两端垫枕木外，应在两侧加撑方木或将几个构件用方木、铁丝连在一起使其稳定，支撑及连接处不得少于三道，以防失稳倒塌。

（5）构件装车应码放平稳，捆绑、支撑牢固，严防超重、超长（不得超过车身前后各 2

m)、超宽(不得超过车身左右各 0.2 m)和超高(由地面算起,总高不得超过 4 m)构件装车,运输时不准搭乘无关人员。

(6)运输构件车辆应有可靠的刹车或制动装置。运输时,应按规定时速行驶,不得随意超速;转弯时,应慢速行驶。在现场必须按规定路线行驶,不得在吊装设备、脚手架和各种低矮的管线下通过。

(7)构件吊装就位后,应经初校和临时固定,或连接可靠后才能卸钩,最后固定后才可拆除临时固定工具或其他稳定装置。

(8)结构安装应按规定的吊装工艺、方法和程序进行,不得随意改变或颠倒工艺程序来安装结构构件。

(9)长宽比大的单个构件,未经临时或最后固定组成一个稳定单元体系前,应设溜绳或斜撑拉固,防止构件失稳倒塌;对已经就位的构件,必须完成临时或最后固定后,方可移交给下一班作业。

(10)构件固定后,不得随意撬动或移动位置,如需重新校正,必须回钩。

5.现场焊接、气割等作业动火审批制度

(1)施工现场未经批准不得动用任意明火。

(2)焊接作业必须严格执行"十不烧"规定。

(3)油漆间、木工间、危险品仓库和易燃场所等禁火区域严禁明火作业。

(4)焊接、气割作业前一日,由作业班长向安全员提出申请,办理动火作业许可证(由安全总监审批)。

(5)焊接、气割作业人员必须持证上岗,作业区域配备沙桶和灭火器等消防措施,同时应设安全监护人。

7.2.7　工人安全技术交底

(1)要在职工中牢牢树立起安全生产第一的思想,认识到安全生产、文明施工的重要性,做到每天班前教育、班中检查、班后总结,严格执行安全生产三级教育。现场工人安全技术交底见图7.3。

图 7.3　现场工人安全技术交底

(2)贯彻执行劳动保护、安全生产、消防工作的各类法规、条例、规定,遵守工地的安全生产制度和规定。

（3）施工负责人必须对职工进行安全生产教育，增强法制观念和提高员工的安全生产思想意识及自我保护能力，使员工自觉遵守安全纪律、安全生产制度，服从安全生产管理。

（4）所有的施工及管理人员必须严格遵守安全生产纪律，正确穿戴和使用好劳保用品。

（5）认真贯彻执行工地分部分项工程、工种及施工技术交底要求，施工技术交底文件示例如图 7.4 所示。施工负责人必须检查具体施工人员的落实情况，并经常性督促和指导，确保施工安全。

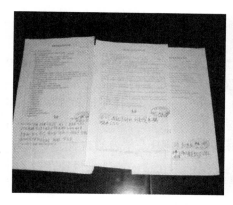

图 7.4　施工技术交底文件示例

（6）施工负责人应对所属施工及生活区域的施工安全质量、防火、治安、生活卫生各方面全面负责。

（7）按规定做好"三上岗""一讲评"活动，即做好上岗交底、上岗检查、上岗记录及周安全评比活动，定期检查工地安全活动、安全防火、生活卫生，做好检查活动的有关记录。

（8）对施工区域、作业环境、操作设施设备、工具用具等必须认真检查，若发现问题和隐患，应立即停止施工并落实整改，确认安全后方准施工。

（9）机械设备、脚手架等设施使用前需经有关单位验收，并做好验收及交付使用的书面手续。租赁的大型机械设备现场组装后，经验收、负荷试验及有关单位颁发准用证后方可使用，严禁大型机械设备在未经验收或验收不合格的情况下投入使用。

（10）对于施工现场的脚手架、设备的各种安全设施、安全标志和警告牌等不得擅自拆除和变动。若要拆除和变动，必须经指定负责人及安全管理员的同意，并采取必要可靠的安全措施后才能拆除。

7.3　"三宝"防护措施及使用要求

7.3.1　安全帽

安全帽应符合《头部防护　安全帽》（GB 2811—2019）的技术要求，并按规定的方法佩带。施工人员进入施工现场必须佩戴安全帽,安全帽由帽衬和帽壳两部分组成,帽衬和帽壳应留有一定间隙,原因在于当有物料坠落到安全帽壳上时,帽衬可以起到缓冲作用,不使颈椎受到伤害。

下颚带必须系紧,因为当人体发生坠落时,由于安全帽戴在头上,可以对头部进行保护。

不同头型或冬季将安全帽佩戴在防寒帽外时,应随头型大小调节帽箍,保留帽衬与帽壳之间起缓冲作用的空间。

7.3.2　安全带

钢柱、钢梁、压型钢板、防火涂料等工序的施工多是高空作业,为了防止作业者在某个高度出现坠落,作业者在登高和高处作业时,必须系挂好双大钩背带式安全带。安全带必须符合国家标准《坠落防护　安全带》(GB 6095—2021)的要求,其使用和维护要求具体包括以下几点。

(1)安全带使用前应检查绳带有无变质、卡环是否有裂纹、卡簧弹跳性是否良好。

(2)高处作业如安全带无固定挂处,禁止把安全带挂在移动或带尖锐棱角或不牢固的物件上。

(3)将安全带挂在高处,人在下面工作就叫高挂低用,这是一种比较安全合理的科学系挂方法。

(4)安全带要拴挂在牢固的构件或物体上时,要防止摆动或碰撞,绳子不能打结使用,钩子要挂在连接环上。

(5)安全带绳保护套要保持完好,以防安全带绳被磨损。

(6)安全带严禁擅自接长使用。当使用 3 m 及以上的长绳时必须要加缓冲器,各部件不得任意拆除。

(7)安全带在使用后,要注意维护和保管,应经常检查安全带缝制部分和挂钩部分,必须详细检查捻线是否发生裂断和残损等。

(8)安全带不使用时应妥善保管,不可接触高温、明火、强酸、强碱或尖锐物体,不得存放在潮湿的仓库中。

(9)安全带在使用两年后应抽验一次,频繁使用应经常进行外观检查,发现异常必须立即更换。定期或抽样试验用过的安全带,不准再继续使用。

(10)安全带的使用要求如下。

①安全带上各个部件不要任意拆掉,不要将挂绳打结使用。

②进入施工现场必须系好安全带,进入 2 m 以上(含 2 m)的高空作业必须挂好安全带的双保险钩,保险钩要高挂低用,在高处走动时必须保证有一个安全带保险钩挂在安全绳或其他可靠的物体上。

7.3.3　安全网

安全网主要有水平白织兜网和密目式安全立网。安全网必须符合国家标准《安全网》

(GB 5725—2009)的要求。安全网的安装和使用有以下几点要求。

(1)安全网上的每根系绳都应与支架系结,四周边绳(边缘)应与支架贴紧,系结应符合打结方便、连接牢固且容易解开、受力后不会散脱的原则。有筋绳的安全网安装时还应把筋绳连接在支架上。

(2)水平白织兜网网面不宜绷得过紧,当网面与作业面高度差大于 5 m 时,网面伸出长度应大于 4 m,当网面与作业面高度差小于 5 m 时,网面伸出长度应大于 3 m。平网与下方物体表面的最小距离应不小于 3 m。

(3)密目式安全立网网面应与水平面垂直,并与作业面边缘最大间隙不超过 10 cm。

(4)安装后的安全网应经专人检验合格后(平网要进行高坠冲击试验)方可使用。

(5)安全网使用时,应避免发生下列现象:①随便拆除安全网的构件;②人跳进或把物品投入安全网内;③大量焊接或其他火星落入安全网内;④在安全网内或下方堆积物品;⑤安全网周围有严重腐蚀性烟雾。

(6)对使用中的安全网,应进行定期或不定期的检查,并及时清理网上落物污染,当受到较大冲击后应及时更换。

(7)安全网应由专人保管发放,暂时不用的安全网应存放在通风、避光、隔热、无化学品污染的仓库或专用场所。

7.4　钢结构安装安全防护

7.4.1　人员登高爬梯

为方便操作人员上下及保证操作人员的安全,钢柱吊装前应在柱体上安装钢爬梯,并在爬梯旁边设置生命线,使用爬梯上下时应将安全带穿过防坠器扣在防坠绳上配合使用。

登高爬梯采用 φ16、φ14(踏步)的圆钢焊接而成,爬梯宽 400 mm,登高踏步间距设置为 350 mm。踏步与爬梯纵向钢筋采用弯钩搭接焊接,搭接长度为 30 mm,双面角焊缝,通过钢筋固定件使爬梯距离钢柱表面 100 mm,方便施工人员通行,固定件竖向间距 2 m。

钢柱吊装前,钢爬梯应与防坠器材同时安装就位,并经检查确认后方可起吊。作业人员登高必须通过钢爬梯上下,攀爬过程中应面向爬梯,手中不得持物,严禁以钢柱栓钉为支撑攀爬钢柱。人员登高爬梯示意见图 7.5。

爬梯上端和下端与柱体点焊固定,爬梯中部与钢柱间通过铁丝绑扎固定。人员登高爬梯构造见图 7.6。

7.4.2　焊接操作平台

考虑构件截面尺寸、焊接位置以及操作平台搭设条件,巨型外柱、转换桁架、重力柱分段分节的焊接均应采用工具式操作平台,操作平台侧面防护高度为 1500 mm,并设置钢网

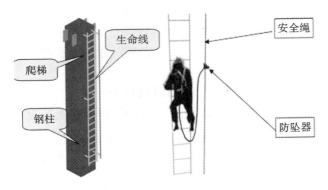

图 7.5　人员登高爬梯示意

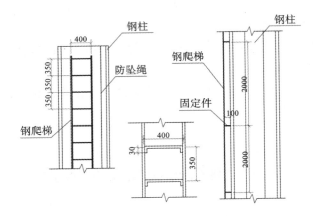

图 7.6　人员登高爬梯构造（单位:mm）

片或彩钢板及踢脚板,踢脚板高度为 200 mm,刷涂警示油漆。焊接操作平台示意见图 7.7。

图 7.7　焊接操作平台示意

7.4.3 楼层梁施工安全防护

在钢结构安装过程中,钢梁是操作人员通向安装连接操作部位的水平行走构件,由于梁翼缘宽度有限,必须在楼层适当的部位设置安全通道,并在主梁上方设置安全绳(见图7.8)。在用于行走的钢梁等部位用绳索临时拉结护栏时,钢索直径不小于10 mm,临时立杆间距不大于6 m,否则应在中间加设拉结立杆。钢梁上设置立杆拉设钢丝绳临边防护示意见图7.9。

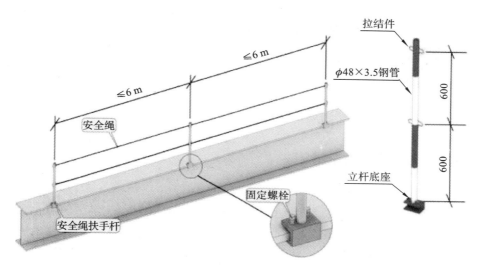

图 7.8　安全绳设置(单位:mm)

图 7.9　钢梁上设置立杆拉设钢丝绳临边防护示意

钢梁焊接时挂设焊接挂篮(吊篮)作为操作人员的焊接平台。焊接挂篮示意见图7.10。

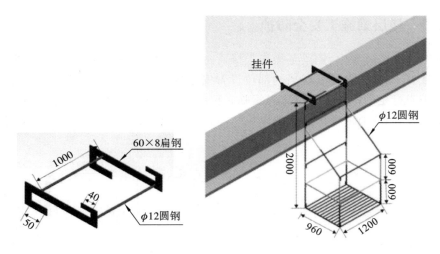

图 7.10　焊接挂篮示意（单位：mm）

7.4.4　高空防坠安全措施

1. 平网

钢结构的安装不同于一般混凝土结构工程施工，钢结构每个安装节一般包含三层楼体构件单元，待钢柱、钢梁等安装完毕后才能开始楼面板的施工，大量的作业集中在一个立体的空间框架上，使得交叉作业频繁，因此在整个楼面上需设置安全平网，防高空坠落的同时兼作安全隔离屏障（见图 7.11）。平网一般采用复合形式，即一层普通大眼安全网上覆盖一层密目安全网，这样的安全网不但能够防止人员的坠落，而且还能防止高强螺栓梅花头以及电焊条头坠落伤人。

平网采取梁下张挂方式，并与焊接钢筋挂钩固定。平网要铺设于钢梁的下翼缘，规格为 3 m×6 m，网格尺寸为 30 mm×30 mm，等楼承板铺设好后再往上翻，以达到循环利用。

应在楼层钢梁的下翼缘的上表面或箱形钢梁腹板下端设置钢筋挂钩，以方便平网的铺设和拆除。钢筋挂钩间隔 750 mm 排布设置。安全网挂钩设置示意见图 7.12。

2. 挑网

为保障交叉施工安全，避免施工时材料、工具掉落对下层操作人员造成人身伤害，在楼层周边应设置安全外挑网，挑网外口应高于内口 500 mm 以上。斜挑网设置实景图见图 7.13。

外端部支撑与上一楼层采用扣件固定，楼层钢立管下端焊接于楼层钢梁，挑网架采用扣件固定于钢立管下部，并在钢立管下部临边处内侧设置踢脚板，挑网与楼层连接处下部加挂安全兜网。挑网共设两道，相互交替使用，上方一道完成上移确认无误后开始拆移下方一道，未经安全部门允许严禁拆除或移动挑网，下道挑网拆移须经安全总监下达文字指令后方可执行。拆移时应将上道挑网收拢，再用麻绳将下道挑网拆移上翻就位。

安装前先在地面拼装成 3 m×6 m 单元框架，然后连接好平网（小眼网），将 φ12 钢丝

图 7.11 平网设置示意

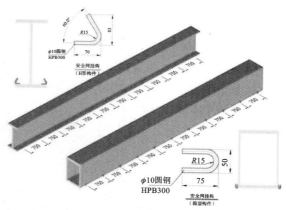

图 7.12 安全网挂钩设置示意

图 7.13 斜挑网设置实景图

绳一端穿过脚手管,用卡环卡紧,另一端与上层钢梁固定。

3. 钢结构临边施工护栏

钢结构临边施工护栏可使用钢管支架夹具和安全绳(钢丝绳)进行搭设。安全绳直径不得小于 9 mm,且有产品合格证。钢丝绳用绳卡对接连接时,每个接头至少使用 3 个绳卡,间距约 200 mm,夹头按相关规定拧紧。

临边防护应拉设双道安全绳,上道钢丝绳离钢梁上表面的距离为 1.2 m,下道钢丝绳离钢梁上表面的距离为 0.6 m,且立杆间距不超过 6 m,钢丝绳固定后的弧垂应为 10～30 mm。在钢梁吊装之前,临边防护措施应在地面完成搭设,并固定在钢梁上。临边防护搭设完成后,必须经验收合格后方可投入使用。

工作绳卡数量不得小于 3 个,且应在钢丝绳尾端加装一个安全绳卡,绳卡滑鞍放在钢丝绳工作时受力的一侧,U 形螺栓扣在钢丝绳的尾端。绳卡数量要求见表 7.8。

表 7.8 绳卡数量要求

钢丝绳直径/mm	7～16	19～27	28～37	38～45
绳卡的数量/个	3	4	5	6

注:绳卡压板应在钢丝绳长头一边,绳卡间距不应小于钢丝绳直径 6 倍。

临边防护应充分利用已安装的钢柱,相邻钢柱间采用钢抱箍固定在钢柱上,钢抱箍距楼面层距离分别为 600 mm 和 1200 mm 时拉设一道钢丝绳。利用钢柱拉设钢丝绳临边防护示意见图 7.14。

图 7.14 利用钢柱拉设钢丝绳临边防护示意

根据钢柱截面形式及规格,抱箍采用 30 mm×60 mm 的扁钢及直径为 9 mm 的圆钢焊接而成。钢丝绳直径不应小于 9 mm,钢丝绳两端分别用绳卡固定,绳卡间距保持在 100 mm 为宜,最后一个绳卡距离绳头的长度不得小于 140 mm。安全绳左端采用规格为 M8 的花篮螺栓调节钢丝绳的松弛度。搭设完成后必须经验收合格后,方可投入使用。

7.4.5 安全通道

为了方便操作人员能够安全、快捷地到达作业点,应在施工平面内要设置施工通道,施工通道分为水平施工通道和垂直施工通道。在通道旁边应放置沙桶、灭火器等救火工具。

1.水平施工通道设置

水平施工通道设置在钢梁上表面,水平施工通道采用标准件安装,每个标准件长度为 3 m。在通道两侧设置方形钢管,搭设直径为 10 mm 的钢丝绳两道形成围护,高度为 1.2 m。水平施工通道设置平面示意如图 7.15 所示。

2.垂直施工通道设置

楼层间人员、工具转移应设置钢斜梯安全通道(见图 7.16)。钢斜梯与水平面间的夹角不超过 75°,单梯段的垂直高度不大于 6000 mm,斜梯内侧净宽度不小于 800 mm。斜梯梯梁及踏板采用槽钢或钢板制作,钢板厚度不小于 4 mm,防护栏杆立杆高度为 1200 mm。

7.4.6 焊接施工安全措施

钢结构焊接作业要做好以下两点:一是保证人员的施工安全;二是做好焊接切割的防火措施。焊接施工时应设置操作平台和防护栏,采用接火盆、石棉布、挡火布等防火花飞溅措施,避免引发火灾。焊接施工安全措施示意见图 7.17。

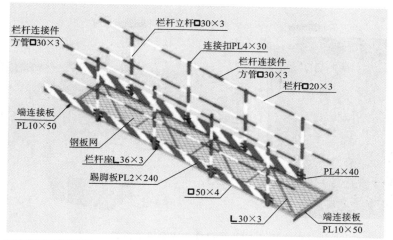

图 7.15 水平施工通道设置平面示意

图 7.16 钢斜梯安全通道

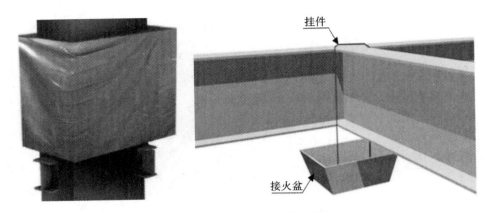

挂件

接火盆

图 7.17　焊接施工安全措施示意

7.4.7　楼承板的安全防护作用

楼承板是钢结构安装安全防护设施的重要组成部分,其作用表现在以下几个方面:①楼承板铺设后将为上节柱、梁、支撑的安装提供一个较大的平整作业平台,并且为上、下安装节交叉施工提供了隔离屏障;②楼承板铺设后不像其他安全设施需要拆除,减少了不安全环节;③利用楼承板作为安全平台,节约了大量的安全设施搭设及拆除工作量。对于工具棚以及其他较重物品,在楼承板上堆放时则要采取合理的垫高,将重量传递到钢梁上,以确保不损伤楼承板。

作为高空安全防护设施的组成部分,还应认识到顶层压型钢板在整个安装工序中的突出地位,既不能将此环节提前,以免影响测量与校正;更不能将此环节滞后,以免影响到上节柱、梁、支撑的安装进度。楼承板上设计的洞口应在相应位置用模板预留出来,待整个楼面浇筑混凝土后再开洞。这样做一方面可以防止开洞造成安全隐患,另一方面可以防止开洞削弱楼承板的整体刚度。楼承板安全防护示意见图 7.18。

7.4.8　屯料平台

为规范现场辅材(气瓶、螺栓及临时连接板等)的管理,在楼层垂直通道至每层水平通道入口处设置屯料平台。屯料平台示意如图 7.19 所示,屯料平台制作详图如图 7.20所示。

7.4.9　重大危险源公示

1. 危险源的类别

针对现场的危险源,分别评价根源状态和等级,并进行归类。一般危险源的根源可分为以下三大类。

(1)物的不安全状态:设备、施工机械和机具材料的储存堆放。

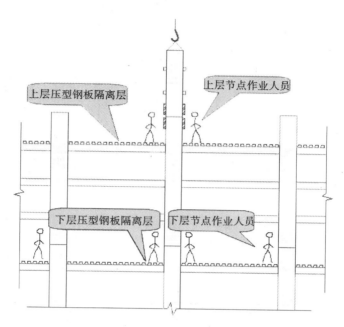

图 7.18 楼承板安全防护示意

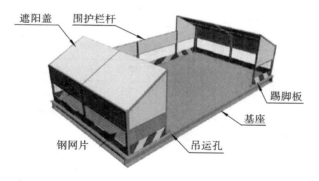

图 7.19 屯料平台示意

（2）人的不安全行为：违反劳动纪律、违章作业、违章指挥行为，也包括技术措施和监管的不到位。

（3）环境因素：季节变化、噪声粉尘、夜间作业等。

重大危险源按安全隐患严重程度可划分为重大安全隐患、严重安全隐患和一般安全隐患。

2. 危险源的公示

在现场醒目的位置挂设本工程的重大危险源公示和安全警示标语标牌，提醒工人。重大危险源公示示例见表 7.9。

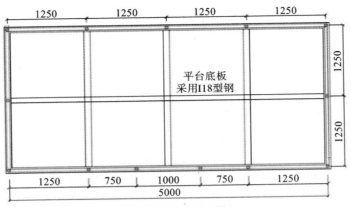

(a) 屯料平台平面图

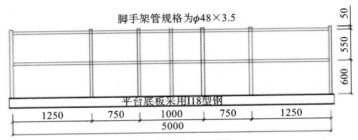

(b) 屯料平台立面图

图 7.20　屯料平台制作详图（单位：mm）

表 7.9　重大危险源公示示例

序号	危险源	性质	序号	危险源	性质
1	工人安全意识薄弱	重大安全隐患	6	火灾	严重安全隐患
2	机械伤害	重大安全隐患	7	爆炸	严重安全隐患
3	物体打击	重大安全隐患	8	中暑	一般安全隐患
4	高空坠落	重大安全隐患	9	现场保卫	一般安全隐患
5	安全用电	严重安全隐患	10	食堂卫生	一般安全隐患

7.5 起重吊装安全防护

7.5.1 吊装耳板

钢柱定位连接板为现场对接接头横焊缝上下的临时连接板,兼作吊耳。横焊缝临时连接板布置原则:每个吊装单元至少布置两道连接板在柱翼缘上。劲性钢柱连接板及吊耳设置示意如图 7.21 所示。

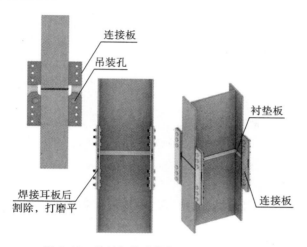

图 7.21 劲性钢柱连接板及吊耳设置示意

耳板详细尺寸见图 7.22,其中连接板 t_1 厚 20 mm,连接板 t_2 厚 16 mm,连接板 t_1 与钢柱为单面坡口熔透焊缝,耳板材质为 Q345B,钢柱吊装耳板板厚 20 mm,吊装耳孔孔径为 40 mm。

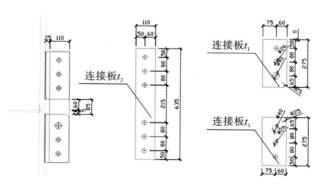

图 7.22 耳板详细尺寸(单位:mm)

7.5.2　钢丝绳、卸扣及夹头的使用安全技术要求

1. 钢丝绳的使用安全技术要求

（1）起重指挥人员必须清楚起重吊装工程中投入使用的钢丝绳型号及所吊构件的重量，根据所吊构件的重量选择相应的钢丝绳及卡环。挑选钢丝绳型号的标准如下：采取吊耳方式吊装的钢丝绳按 6～8 倍的安全系数选用，采取捆绑方式吊装的钢丝绳按 8～10 倍的安全系数选用。

（2）用钢丝绳绑扎有棱角的物体时，要对棱角进行包裹处理，可采用半圆钢管、橡胶轮胎和厚实的帆布等进行包裹，防止钢丝绳被棱角损伤或破坏，严禁钢丝绳受力处与构件的棱角处直接接触。

（3）钢丝绳在绑扎构件之前，要对钢丝绳的规格和质量进行检查，检查钢丝绳的长度和承载力是否满足使用要求，检查钢丝绳是否有断丝受损情况，如果受损超过规定要求，必须更换钢丝绳。

（4）钢丝绳在存放时必须做好防晒和防雨措施，并分类挂放，严禁将好的钢丝绳与损坏或报废的钢丝绳混放在一起。

2. 卸扣的使用安全技术要求

（1）卸扣的型号有 8 t、16 t、25 t 等，在选择和使用时必须经过计算确定。在吊装和吊运不同重量的构件和其他物体时，选择的卸扣要满足强度和使用要求。

（2）卸扣在购买时要特别注意产品质量。

（3）卸扣在使用过程中要经常进行检查，对磨损严重、变形、有裂纹和损坏而不能使用的卸扣应及时进行更换。

（4）卸扣在拴紧时，要将螺纹部分拧旋到底（但不必过紧），保证卸扣在使用时的安全。

3. 夹头的使用安全技术要求

（1）夹头要根据钢丝绳的规格选用，过大和过小都不行，并保证夹头在购置时必须为合格产品。

（2）夹头的使用数量和间距要按相关规定确定，一般情况下不少于 3 个。

7.5.3　起重安全注意事项

（1）操作人员必须严格遵守国家和地方政府有关安全生产的法律、法规、条例，遵守项目各项安全管理制度，服从项目安全管理人员的指令，接受安全教育、安全交底，主动接受安全检查，杜绝违章指挥和违章施工。

（2）严禁有心脏病、高血压、贫血病以及视力缺陷的工人从事高空作业。

（3）严禁酒后作业。

（4）禁止疲劳作业。

（5）施工人员进入现场必须按规定戴好安全帽、系好领带；在进行高空或临边作业时，必须系挂安全带，安全系挂点必须结实可靠。

（6）进行吊装作业前，必须先做好以下安全防护措施：

①汽车吊司机和吊装指挥人员必须持证上岗,否则严禁进行操作和指挥。

②在进行吊装作业前,吊装区域必须挂设安全警戒线,清除其他作业人员,并有专人负责看护,禁止非操作人员和地面施工人员通行。

③钢柱吊装前,必须事先绑扎钢柱上的安全爬梯,安全爬梯应用钢丝绳绑扎牢固,钢柱安装就位后,操作人员应通过安全爬梯上下。此外,还应设置防坠器、佩戴安全带进行解钩,如发现不按规定绑扎爬梯或施工人员解钩未配备防坠器和未佩戴安全带的重大危险情况,必须按项目安全管理规定进行重罚。

④钢柱安装就位后,必须按规定拧紧柱脚螺栓,并拉设钢柱四周的缆风绳,缆风绳拉设地点应牢固可靠。

⑤在进行上部钢梁安装作业前,人员施工位置和行走线路应事先拉设好安全钢丝绳,人员在高空安装作业和行走时,必须将安全带系挂在安全钢丝绳上。

⑥上下楼层时,必须按规定行走楼梯或安全通道,严禁施工人员攀爬。

⑦高空作业人员必须佩带工具袋,不准随手放置及抛掷物品,所有手动工具应套在安全带上或拿在手上,防止落物伤人。

⑧吊装构件前,应对吊具进行仔细的检查,如选用的卡环和钢丝绳的大小是否满足吊装节点的要求、吊具是否有损坏、选取的吊点是否错位等。

⑨在吊装区域内,严禁非工作人员进入塔吊工作半径以内。

⑩严禁任何人在节点下面穿行。

⑪施工作业时,操作人员必须注意力集中,严禁在高空中嬉戏、吵闹。

(7)对进场的氧气瓶和乙炔瓶应进行妥善管理,在施工过程中,两者的间距不得小于5 m,与明火之间的间距不得小于10 m。

(8)现场使用的电焊机和线路必须按相关用电规定进行搭设,并做好日常检查,对发生设备漏电和电线破皮的现象,应及时通知电工进行维修,其他人不得随意摆弄电气设备。

(9)夜间施工时,必须设置照明灯,在光线不足的情况下,严禁进行高空和吊装作业。

(10)班组长应按规定做好每日的班前安全技术交底工作,详细介绍班组作业过程中可能出现或发现的安全问题以及问题的防护措施,并做好记录。

(11)每日下班前,应对所属施工范围内的杂物进行清理,做到工完场清。

7.5.4 构件起吊与落位

(1)构件起吊前必须确定重心部位,钢丝绳长度、夹角及钢丝绳直径要满足安全使用要求。正确选择吊点,构件吊点的焊接应牢固可靠。

(2)吊钩要求具有防跳绳锁定装置,无排绳打搅现象。构件起吊时应保证水平、均匀地离开平板车或地面,起吊后构件不得前后、左右摆动,钢丝绳应受力均匀。施工人员不得站在起吊构件上。

(3)施工人员不得站在构件运动方向或把杆垂直下方,吊装区域严禁无关人员进入。

(4)落钩要使用慢速挡,充分落钩至钢丝绳不受力后才能解钩。构件堆放要垫放枕木,便于取出钢丝绳。

（5）安装前要对起重吊索具进行检验，检查钢丝绳、吊索具是否符合要求。起重指挥员、司机须持证上岗。

（6）夜间吊装必须有足够的照明，构件不得悬空过夜，特殊情况时应报主管领导批准，并采取可靠的安全防范措施。

7.5.5　吊机安全技术措施

（1）规范塔吊司机的操作行为，并设立专人指挥；按规定进行吊车的维修保养工作。

（2）严格执行"十不吊"原则，吊装前要仔细检查吊索具是否符合规定要求，严禁操作人员带病作业。所有起重指挥人员及操作人员必须执证上岗。

（3）合理安排作业区域和时间，避免垂直交叉作业。

（4）统一高空、地面通信，联络一律采用对讲机，禁止高空和地面之间通过喊话联络。

7.6　高强螺栓作业安全防护

（1）高强螺栓施工操作人员先将安全带挂在安全绳上，然后站在弯形挂篮或骑在钢梁上进行操作，工具包应结实耐用，不应一次性装入过多螺栓，以免因螺栓袋破裂导致高空坠物。

（2）高强螺栓更换时应随用随取，不得将螺栓直接摆放在梁面上，拧下来的高强螺栓梅花头应及时用工具包回收。

（3）操作人员在梁面行走时必须遵循高挂低用的原则挂好安全带，禁止手扶安全绳在梁上行走。

（4）操作人员不得穿硬底鞋进行攀登作业，使用的工具如榔头、扳手、橄榄冲等应配有安全尾绳并拴在安全带上。

（5）操作人员要特别注意自己使用的工具，工具一定要系上保险绳，使用橄榄冲时，要用手抓牢，以免发生坠落。

（6）转移工作面时，不能将螺栓等零星器具遗留，以免造成意外伤亡事故。

小型工器具保险绳及撬棍与保险绳连接示意如图 7.23 所示。

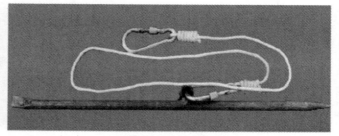

(a) 小型工器具保险绳　　　　　　　　　(b) 撬棍与保险绳连接示意

图 7.23　小型工器具保险绳及撬棍与保险绳连接示意

7.7　压型钢板和栓钉施工安全防护

压型钢板可以作为混凝土浇筑时的模板,节省了大量临时性模板,省却全部或部分模板支撑,同时也为施工现场节省大量支模工作,加快施工速度。

7.7.1　压型钢板吊装安全注意事项

(1)压型钢板运至现场,卸车堆放整齐。

(2)压型钢板在卸车时,车辆停放要平稳,缓慢解开捆绑压型钢板的绳索,禁止人员从侧面攀爬至车顶,防止成捆压型钢板滑落伤人。

(3)吊装前先核对压型钢板捆号及吊装位置是否准确,包装是否稳固。

(4)压型钢板吊装时要使用软吊带捆绑吊装。

(5)吊装前应检查吊具是否完好无损,若无法修复,立即报废换新。

(6)压型钢板捆绑吊装时要在边角位置加垫防护措施,以防止钢板锐角损伤钢丝绳或其他压型钢板。吊装前要在压型钢板两端设置溜绳,操作人员可利用溜绳将压型钢板慢慢引入所摆放的部位。

(7)吊装时将两段等长软吊带的两端分别穿入捆底包装架,再将软吊带与塔吊吊钩连接吊装,软吊带夹角不能大于60°。

(8)起吊前应先进行试吊,以检查重心是否稳定,钢丝绳是否会滑动,待安全无虑时方可起吊。

(9)起吊时应稍作停顿后再缓慢加速,在吊运的过程中应匀速上升,上升的过程中严禁摆动。

(10)压型钢板若采用软吊带进行吊装,要防止滑落。起吊时,每捆压型钢板应有两条软吊带,分别捆于压型钢板两端四分之一处。

(11)以由下往上的楼层顺序吊料为原则进行吊装,避免因先行吊放上层材料而阻碍下一楼层吊放作业的现象发生。

(12)在压型钢板制作打包时,制作厂应注明本包压型钢板的准确铺设位置,标明内筒、外筒和轴线号。卸货时根据所属位置,分别堆放到不同的区域。堆放在钢梁截面大的主梁位置的,要求压型钢板的重量不能超过钢梁的承载力,堆放高度不大于1.0 m,每吊以40张压型钢板为宜。

7.7.2　压型钢板铺设安全防护

1.压型钢板铺设作业安装措施

(1)施工人员必须戴手套,穿胶底鞋。铺设压型钢板时系好安全绳,各铺设人员均要边铺设边拆除安全网。在洞口、周边施工时必须挂好安全带,安全带不得挂在点焊的压型钢板上。

(2)每捆压型钢板吊装到空中后,吊装范围不得站人和行走。

(3)压型钢板铺设时应"边拆包,边铺设,边固定",严禁散铺后再固定。

(4)压型钢板应铺设到位,严禁翘头板的现象发生,如因楼层结构问题存在翘头板,必须在该区域拉设警戒线和挂上警示牌,严禁人员进入。

(5)压型钢板施工楼层下方禁止人员穿行,特别是在动火切割位置处,施工时应对周边进行清理检查,防止火灾发生,且应配备有效灭火设施。

(6)在临边洞口作业时,必须把安全带挂在安全绳或牢固位置上,如果没有安全防护措施,禁止施工。

(7)大风天气要对拆开的压型钢板进行绑扎,特别是临边的散板、挡边板。临时摆放在楼层上的钢梁应在大风来临前吊回地面堆场摆放稳当,来不及吊至地面的构件应采用钢丝绳加导链与已安装钢构牢固扣绑。

(8)在打栓钉的过程中,栓钉要放置在平稳的地方,防止栓钉坠落,栓钉包装盒要及时回收。

(9)压型钢板施工进行电焊作业时下方要派专人监护,防止火灾发生。

2. 压型钢板施工人员防坠措施

(1)多人铺设一块板时要同时拿起,轻拿轻放,避免滑动翘头,防止坠落事故发生。

(2)在已经铺好的钢筋桁架楼承板上应添加行走木走道。

3. 压型钢板施工防风措施

(1)铺设过程中,已铺好的压型钢板要立即用点焊机进行焊接固定,散落的压型钢板边料要及时收集归堆,下班后要将所有零散压型钢板捆绑牢固,防止大风刮落而发生意外。

(2)当遇到超过5级以上大风天气时,应停止压型钢板施工。楼层上的各种气瓶应及时回收吊到地面,当不能回送到地面时,应将气笼采用钢丝索(无油)加导链方式牢固地定位在已完成连接的结构柱、梁上,并将气笼内的气瓶用铁丝绑扎牢固。对正在安装过程中的大面积胎架或高支撑体系结构,应采取焊接临时加固支撑等措施,确保稳固牢靠。

7.8 钢结构涂装施工安全防护

7.8.1 钢结构涂装施工要求

(1)钢骨混凝土结构中的钢构件可不进行防火处理。

(2)钢结构防火等级、防火涂料的类型及产品要求见各专业图纸,各等级耐火时间要求如表7.10所示。

表 7.10　各等级耐火时间要求 　　　　　　　　　　　　（单位：时）

耐火等级	耐火时间				
	多层的柱及支撑系统	单层的柱及支撑系统	梁	楼板	屋顶承重构件
一级	3.0	2.5	2.0	1.5	1.5
二级	2.5	2.0	1.5	1.0	0.5
三级	2.5	2.0	1.0	0.5	—

7.8.2　钢结构涂装施工存在的危险因素

钢结构涂装施工中存在的危险因素包括人员高处坠落和涂料喷涂时的飞散污染。其中，人员高处坠落产生的主要危险源包括移动操作架的搭设不规范、操作架在超过规定的荷载范围内使用、未做好固定措施就开始作业、人员在操作架上作业未按照规定系好安全带等。

7.8.3　钢结构涂装施工安全防护措施

室内楼层钢结构涂料施工采用门式成品脚手架，该脚手架由钢管($\phi48\times3.5$)搭设而成，加设 1.2 m 防护栏杆，下装万向脚轮，搭建成可移动脚手架进行施工。

外柱、边梁施工采用钢管($\phi48\times3.5$)脚手架，搭设成外挑人工操作平台的可移动操作架进行施工，外挑宽度不大于 1200 mm。为防止脚手架倾覆，脚手架顶部设置可调顶托，加垫木方后将上端顶住上层楼板以保证施工安全。脚手架平台满铺跳板外侧挂安全密网，并捆绑牢固。

由于绝大部分的涂料具有易挥发、有毒、易燃、易爆等特点，所以做好涂装的安全防护非常有必要。其主要安全措施如下。

（1）涂装的油漆应与制作厂使用的油漆相同，由制作厂统一提供，并符合相关性能要求。油漆取样送验的结果应符合国家产品标准和设计要求。涂装操作人员要进行安全技术教育培训且持有特殊工种作业操作证才能进行作业。

（2）涂装作业前，对涂装位置进行除锈处理，确保涂装位置清洁、干燥。为了防止除锈过程中铁屑等溅入眼睛，须佩戴防护眼镜。进行涂装作业，须佩戴防护口罩、防护手套等。

（3）施工场所禁止饮食，以免吸入易挥发的有毒物质。施工现场严禁烟火，并设置明显的禁止烟火的宣传标志，现场还要有通风措施。施工现场应配备消防水源和消防器材。擦过溶剂和新涂料的棉纱、破布等应存放在带盖的铁桶内，并定期处理，严禁向下水道倾倒涂料或溶剂。

（4）在高空涂装作业时，须搭设操作平台，还应佩戴双钩安全带。使用喷枪时，禁止将枪口对人喷射。在涂装过程中，对可能造成污染的地方应用彩布和塑料薄膜进行遮挡保护。

7.9　构件卸车及堆放安全事项

7.9.1　构件卸车的安全事项

（1）构件卸车及倒运的起重指挥人员必须持有效操作证上岗，对配合的辅助人员在操作上进行指导和监督。

（2）构件卸车及倒运的所有操作人员上岗前严禁饮酒。

（3）卸车时起重指挥人员若发现运输车上的构件装载不平稳或存在杂、散、乱的现象，可以拒绝卸车，并立即向主管领导报告。

（4）构件卸车及倒运的起重指挥人员应熟悉吊、卸区的作业环境和塔吊、吊车的机械性能，并合理选用与钢构件相匹配的吊具，不得冒险违章作业。

（5）卸车时要防止构件自行滑落。

（6）卸车的起重指挥人员要确保卸下的钢构件摆放平稳有序，不准出现大压小、长压短、重压轻等失稳现象，对一些特殊的难以摆放平稳的构件，摆放时必须采取有效的防倾倒措施。

（7）卸车的起重指挥及辅助人员在构件起吊前和构件落钩时，要选择合理的安全站位，防止构件晃动、倾倒而被刮、碰或砸伤。

（8）若遇大型构件需双机抬吊，起重指挥人员应先了解双机抬吊方案中的各项要求，指挥过程中信号要明确，双机间的配合要协调。

（9）构件卸车及倒运作业时，如遇6级以上大风或大雨、大雾等恶劣天气，应停止吊装作业（另有规定除外），并立即向主管领导汇报。

（10）在构件卸车及倒运作业时，若遇塔吊或吊车突然发生故障而导致构件悬空不能就位的现象，起重指挥人员应指派专人监护现场，并立即向主管领导报告。

（11）构件运输车辆在现场行驶、转弯、倒车时要按指定路线行走。

（12）构件堆场区域要设置警戒区及明显的警示标志，安排专人监护，严禁无关人员进入，吊运构件时吊物下方不得有人员停留或通行。

（13）构件到场准备卸车时，先检查构件是否存在倾斜、挤压，若存在倾斜、挤压，则先用吊车将构件扶正再解开绳索，防止出现构件散落、倒塌的伤人事故。

（14）若构件相互挤压，应该先用小撬棍将挤压构件撬松，然后再卸运构件，不得用吊车强行拖拽构件，否则有可能使其他构件倒塌、掉落。

（15）构件应由上而下按顺序卸运，不得从中间抽取。

（16）吊运散件时，要先将散件装到工具箱内，然后统一起吊。工具箱的底边和四周要封闭。若有装卸货物的出入口，也应该临时用锁具固定好。散件堆放高度不得超过工具箱的顶面，以免构件从工具箱中掉落伤人，工具箱最大承重量为1 t。

（17）构件放落和水平移动时应该用手扶住梁或者柱的上端，将构件推到预定位置，不得将手放在构件的下端,以免将手压伤。

7.9.2　构件堆放的安全事项

构件必须单层铺放在指定加固场地,合理设置支撑或枕木,防止边缘挤压变形。小型钢梁应根据安装顺序合理叠放,先安装的钢梁堆放于上面,并交错堆放,防止构件平面外弯曲及栓钉变形。

7.10　施工现场临时用电管理

7.10.1　电缆线路

电缆中必须包含全部工作芯线和用作保护零线或保护线的芯线。需要三相四线制配电的电缆线路必须采用五芯电缆。五芯电缆必须包含淡蓝色、绿/黄双色的两种绝缘芯线。淡蓝色芯线必须用作 N 线;绿/黄双色芯线必须用作 PE 线,严禁混用。

电缆线路应采用埋地或架空敷设,严禁沿地面明设,并应避免机械损伤和介质腐蚀。埋地电缆的路径应设方位标志。埋地电缆在穿越建筑物、构筑物、道路及引出地面从 2.0 m 高到地下 0.2 m 处时,必须加设防护套管,防护套管内径不应小于电缆外径的 1.5 倍。埋地电缆的接头应设在地面上的接线盒内,接线盒应能防水、防尘、防机械损伤,并应远离易燃、易爆、易腐蚀场所。

架空电缆应沿电杆、支架或墙壁敷设,并采用绝缘子固定,绑扎线必须采用绝缘线,固定点间距应保证电缆能承受自重荷载。

7.10.2　配电箱及开关箱的设置

(1)配电箱及开关箱应装设在干燥、通风及常温场所,不得装设在有严重损伤作用的瓦斯、烟气、潮气及其他有害场所中,亦不得装设在易受外来固体物撞击、强烈振动、液体浸溅及热源烘烤场所。否则,应予清除或做防护处理。

(2)配电箱及开关箱应采用冷轧钢板或阻燃绝缘材料制作,钢板厚度应为 1.2~2.0 mm,其中开关箱箱体钢板厚度不得小于 1.2 mm,配电箱箱体钢板厚度不得小于 1.5 mm,箱体表面应做防腐处理。

(3)配电箱及开关箱周围应有足够 2 人同时工作的空间和通道,不得堆放任何妨碍操作、维修的物品,不得有灌木、杂草等。

(4)配电箱及开关箱应装设端正、牢固。固定式配电箱及开关箱的中心点与地面的垂直距离应为 1.4~1.6 m。移动式配电箱及开关箱应装设在坚固、稳定的支架上,其中心点与地面的垂直距离宜为 0.8~1.6 m。

(5)配电箱及开关箱内的电器(含插座)应先安装在金属或非木质阻燃绝缘电器安装

板上,然后方可整体紧固在配电箱及开关箱的箱体内。金属电器安装板与金属箱体应做电气连接。

(6)配电箱及开关箱内的电器(含插座)应按其规定位置紧固在电器安装板上,不得歪斜和松动。

(7)配电箱及开关箱的进线口、出线口应配置固定线卡,进出线应加绝缘护套并成束卡在箱体上,不得与箱体直接接触。移动式配电箱及开关箱的进线口、出线口应采用橡胶护套绝缘电缆,不得有接头。

(8)每台用电设备必须有各自专用的开关箱,严禁用同一个开关箱直接控制2台及2台以上用电设备(含插座)。

(9)动力配电箱与照明配电箱宜分别设置。当合并设置为同一配电箱时,动力和照明应分路配电,动力开关箱与照明开关箱必须分别设置。

(10)配电箱及开关箱内的电器必须可靠、完好,严禁使用破损、不合格的电器。

(11)分配电箱应装设总隔离开关、分隔离开关以及总断路器、分路断路器或总熔断器、分路熔断器。

(12)开关箱中各种开关电器的额定值和动作整定值应与其控制用电设备的额定值和特性相适应。

(13)漏电保护器应按产品说明书安装、使用,对搁置已久重新使用或连续使用的漏电保护器应逐月检测其特性,发现问题应及时修理或更换。

7.10.3　配电箱及开关箱的使用与维护

(1)配电箱及开关箱的箱门应配锁,钥匙应由专人负责保管。

(2)配电箱及开关箱应定期检查、维修。检查、维修人员必须是专业电工,检查、维修时必须规定穿、戴绝缘鞋和绝缘手套,必须使用电工绝缘工具,并应做好检查、维修工作记录。

(3)对配电箱及开关箱进行定期维修、检查时,必须将其前一级相应的电源隔离开关分闸断电,并悬挂"禁止合闸、有人工作"的停电标志牌,严禁带电作业。配电箱及开关箱的送电和停电必须按照下列操作顺序进行。

①送电操作顺序:总配电箱→分配电箱→开关箱。

②停电操作顺序:开关箱→分配电箱→总配电箱。

(4)施工现场停止作业1小时以上时,应将动力开关箱断电上锁。配电箱及开关箱内不得放置任何杂物,并应保持整洁。

(5)配电箱及开关箱内不得随意接接其他用电设备。

(6)配电箱及开关箱内的电器配置和接线严禁随意改动;更换熔断器的熔体时,严禁采用不符合原规格的熔体。漏电保护器每天使用前应启动漏电试验按钮试跳一次,试跳不正常时严禁继续使用。

(7)配电箱及开关箱的进线和出线严禁承受外力,严禁与金属尖锐断口、强腐蚀介质和易燃易爆物接触。

7.10.4　用电要求

1. 电工要求

(1)电工必须经过国家现行标准考核合格后才能持证上岗工作;其他用电人员必须通过相关安全教育培训和技术交底,并考核合格后方可上岗工作。

(2)安装、巡检、维修或拆除临时用电设备和线路必须由电工完成,并应有专人监护。

2. 电工职责

(1)负责施工现场供电系统的安全运行。

(2)负责现场用电设备的安装拆除及维修工作。

(3)负责现场用电分配、供给及使用的交底。

(4)对作业单位的用电进行建档、指导和监督,对违反电气操作的作业单位,有权制止和停止供电。

(5)对违反电气规定乱接电器的行为进行制止并及时向现场主管领导汇报。

(6)对现场所有电气设备按时进行巡视检查、维修和登记工作。

(7)负责宣传安全用电和触电急救工作。

3. 用电人员要求

各类用电人员应掌握安全用电基本知识和所用设备的性能,并应符合下列规定。

(1)使用电气设备前必须按规定穿戴和配备好相应的劳保用品,并应检查电气装置和保护设施,严禁设备带"缺陷"运转。

(2)保管和维护所用设备,若发现问题及时报告解决。

(3)暂时停用设备的开关箱必须分断电源隔离开关,并应关门上锁。

(4)移动电气设备时,必须经电工切断电源和妥善处理后才能进行。

7.10.5　施工用电安全技术档案

(1)施工现场临时用电必须建立安全技术档案,并应包括下列内容。

①用电组织设计的全部资料。

②修改用电组织设计的资料。

③用电技术交底资料。

④用电工程检查验收表。

⑤电气设备的试用、检验凭单和调试记录。

⑥定期检(复)查表。

⑦电工安装、巡检、维修、拆除工作记录。

(2)施工用电安全技术档案应由现场机电工长负责建立与管理,其中"电工安装、巡检、维修、拆除工程记录"可指定电工代管,每周由项目生产经理审核确认,并应在临时用电工程拆除后统一归档。

(3)临时用电工程应定期检查,定期检查时,应复查接地电阻值和绝缘电阻值。

7.10.6　电动机械和手持式电动工具的配备要求

1. 一般规定

（1）施工现场中电动机械和手持式电动工具的选购、使用、检查和维修应遵守下列规定。

①选购的电动机械、手持式电动工具及其用电安全装置应符合相应国家标准的规定，且具有产品合格证和使用说明书。

②建立和执行专人专机负责制，并定期检查和维修保养。

③按使用说明书使用、检查和维修。

（2）塔吊等需要设置避雷装置的物料提升机，除应连接 PE 线外，还应采取重复接地措施。设备的金属结构构件之间应保证电气连接。

2. 起重机械

（1）塔吊的电气设备应符合相应国家标准的要求。

（2）需要夜间工作的塔吊，应设置正对工作面的投光灯。

（3）塔身高于 30 m 的塔吊，应在塔顶和臂架端部设红色信号灯。

（4）在强电磁波源附近工作的塔吊，操作人员应戴绝缘手套和穿绝缘鞋，并应在吊钩与机体间采取绝缘隔离措施，或在吊钩吊装地面物体时，在吊钩上挂接临时接地装置。

3. 焊接机械

（1）电焊机械应放置在防雨、干燥和通风良好的地方。焊接现场不得有易燃、易爆物品。

（2）交流弧焊机变压器的一次侧电源线长度不大于 5 m，其电源进线必须设置防护罩，并经常对线路进行检查和维护，消除可能产生的异常电火花。

（3）焊接机械的二次侧电源线应采用防水橡胶护套铜芯电缆，不得采用金属构件或结构钢筋代替二次侧电源线的地线。

（4）使用电焊机械焊接时必须穿戴防护用品，严禁露天冒雨从事电焊作业。

4. 手持式电动工具

（1）空气湿度小于 75% 的一般场所可选用 Ⅰ 类或 Ⅱ 类手持式电动工具，其金属外壳与 PE 线的连接点不得少于 2 处；除塑料外壳为 Ⅱ 类手持式电动工具外，相关开关箱中漏电保护器的额定漏电动作电流不应大于 15 mA，额定漏电动作时间不应大于 0.1 s，其负荷线插头应具备专用的保护触头。所用插座和插头在结构上应保持一致，避免导电触头和保护触头混用。

（2）手持式电动工具的负荷线应采用耐气候型的橡胶护套铜芯软电缆，并不得有接头。

（3）手持式电动工具的外壳、手柄、插头、开关、负荷线等必须完好无损，使用前必须进行绝缘检查和空载检查，在绝缘合格、空载运转正常后方可使用。

（4）使用手持式电动工具时，必须按规定穿、戴绝缘防护用品。

7.10.7 照明及临时用电

1. 照明要求

(1)现场照明应采用高光效、长寿命的照明光源。对需大面积照明的场所,应采用高压汞灯、高压钠灯或混光用的卤钨灯等。

(2)照明器具的选择必须按下列环境条件确定。

①正常湿度的一般场所,选用开启式照明器。

②潮湿或特别潮湿的场所,选用密闭型防水照明器或配有防水灯头的开启式照明器。

③含有大量尘埃但无爆炸和火灾危险的场所,选用防尘型照明器。

④有爆炸和火灾危险的场所,按危险场所等级选用防爆型照明器。

⑤存在较强振动的场所,选用防振型照明器。

⑥有酸碱等强腐蚀介质的场所,选用耐酸碱型照明器。

(3)照明器具的质量应符合国家现行有关强制性标准的规定,不得使用绝缘老化或破损的器具。

(4)无自然采光的地下大空间施工场所,应编制单项照明用电方案。

2. 照明供电

(1)下列特殊场所应使用安全特低电压照明器。

①高温、有导电灰尘、比较潮湿或灯具离地面高度低于 2.5 m 等场所的照明,电源电压不应大于 36 V。

②潮湿和易触及的带电体场所照明,电源电压不得大于 24 V。

③特别潮湿场所、导电良好的地面、金属容器内的照明,电源电压不得大于 12 V。

(2)使用行灯应符合下列要求。

①电源电压不大于 36 V。

②灯体与手柄应连接牢固,绝缘良好并耐热、耐潮湿。

③灯头与灯体结合牢固,灯头无开关。

④灯泡外部有金属保护网。

⑤金属网、反光罩、悬吊挂钩固定在灯具的绝缘部位。

(3)变压器相关要求。

携带式变压器的一次侧电源线应采用橡胶护套或塑料护套铜芯软电缆,中间不得有接头,长度不宜超过 3 m,其中绿/黄双色线只可使用 PE 线,电源插销应有保护触头。

(4)照明装置应符合下列要求。

①碘钨灯及钠、铊、铟等金属卤化物灯具的安装高度宜在 3 m 以上,灯线应固定在接线柱上,不得靠近灯具表面。

②投光灯的底座应安装牢固,应按需要的光轴方向将枢轴拧紧固定。

(5)螺口灯头及其接线应符合下列要求。

①灯头的绝缘外壳无损伤、无漏电。

②相线接在与中心触头相连的一端,零线接在与螺纹口相连的一端。

③灯具内的接线必须牢固,灯具外的接线必须有可靠的防水绝缘材料包扎。

（6）照明开关安装位置宜符合下列要求。

①拉线开关距地面高度为 2～3 m，与出入口的水平距离为 0.15～0.2 m，拉线的出口向下。

②其他开关距地面高度为 1.3 m，与出入口的水平距离为 0.15～0.2 m。

3. 临时用电注意事项

（1）现场用电应有定期检查制度，对重点用电设备每天巡回检查，每天下班后一定要关闸。所有电缆、用电设备的拆除及现场照明等工作均由专业电工担任。值班电工要经常检查、维护用电线路及机具，严格按《施工现场　临时用电安全技术规范》(JGJ 46—2005)的要求来执行，保证用电安全。

（2）电焊机上应设防雨盖、下应设防潮垫，一、二次侧电源线接头处要有防护装置，二次侧电源线使用接线柱，且长度不超过 30 m，一次侧电源线采用橡胶护套电缆或穿塑料软管，长度不大于 3 m，焊把线必须采用铜芯橡胶绝缘导线。

（3）配电柜和用电设备应有防雨雪的措施。配电箱、电焊机等固定设备外壳应按规范接地防止触电。配电箱及开关箱应装设在干燥、通风及常温场所，不得装设在易受外来固体物撞击、强烈震动、液体浸溅及热源烘烤的场所。

（4）禁止多台用电设备共用一个电源开关，开关箱必须实行"一机、一闸、一漏、一箱"制，熔断器不得采用其他金属代替，且开关箱应上锁编号，安排专人负责。

（5）现场用电要按计划进行，不得随意乱拉乱接，超负荷用电，三相要均衡搭接。配电操作人员须持证上岗，非专业人员不得从事电力作业。钢结构安装现场存在大量导电构件，主电缆要埋入地下，一次侧电源线要架空布设，不得放置在地上。

普通高等学校"十四五"规划数字装配式建筑系列教材

装配式钢结构施工技术培训手册

主编◎ 陈子莹　唐小方（学校）　　主审◎ 袁富贵（学校）
　　　朱家勇　王建河（企业）　　　　　　沈　兵（企业）

联合编制　广东白云学院
　　　　　深圳金鑫绿建股份有限公司

华中科技大学出版社
中国·武汉

目　　录

一、装配式钢结构施工技术培训项目介绍

1. 装配式钢结构建筑的发展前景

装配式建筑的发展和应用是我国实现整个建筑行业升级转型和可持续发展的必由之路。装配式建筑以标准化设计、工厂化生产、装配化施工、一体化装修、信息化管理、智能化应用为主要特征。

钢结构建筑的结构构件完全是在工厂加工完成，在现场仅进行构件的拼装就可以完成结构施工。钢结构建筑在我国已经有多年的发展经验，技术上比预制混凝土结构建筑和木结构建筑更加成熟。但因为钢结构建筑造价稍高、人们对传统现浇混凝土建筑已经习惯等原因，钢结构建筑并没有在我国得到大面积应用。目前国内建筑行业面临的环境发生了巨大的变化，如近年来国内的钢铁产量迅速增加、钢铁产能出现过剩现象，多年经济发展中积累的环境污染、资源紧缺问题制约了社会经济的发展。钢结构建筑作为装配式建筑的一种重要形式，未来会有更大的发展前景。

2. 装配式钢结构施工技术培训的目的和适用性

目前我国钢结构建筑的推广和发展还存在以下问题：①熟悉钢结构建筑的各专业设计、施工、验收、运营维护的技术人员人数不多；②钢结构加工厂和施工单位的技术质量水平呈现明显的两极分化，技术水平优秀的单位数量不多；③钢结构应用在以住宅为代表的居住类建筑时，其产业化内装、围护体系、机电部品等配套技术尚处在发展之中，熟悉其技术及施工的专业人员较少。

钢结构建筑的产业化不仅包括结构专业，还包括建筑、机电、设备等专业，涵盖了设计、生产、施工、验收、运营维护的建筑全生命周期。装配式钢结构施工技术的基础培训包括建筑、结构、内装、外围护、机电设计等全专业的培训，结合设计、生产、施工、验收、运营维护等建筑全生命周期的实施过程中的技术重点和难点及相关国家、行业和地方规范，帮助钢结构建筑从业技术人员快速建立起所需要的知识体系。

3. 学习地点

粤港澳大湾区装配式建筑技术培训中心。

4. 培训模式

遵照标准化、正规化、一体化、实用化的培训理念，采用理论、实训、实操相融合，脱产和业余任选择的培训模式。

5. 教师团队

由广东白云学院及粤港澳大湾区装配式建筑技术培训中心的教授、专家和企业的工程师共同组成联合教师团队，开展装配式钢结构施工技术的基础培训。

授课教师有：汪星（教授）、肖万伸（教授）、袁富贵（副教授）、陈子莹（高级工程师）、毛朝江（高级工程师）、谷春军（高级工程师）、唐小方（讲师）、邢璐（讲师）、刘淑娟（讲师）等。

6. 发证

培训合格后，由广东白云学院、粤港澳大湾区装配式建筑技术培训中心、深圳金鑫绿建股份有限公司联合颁发培训合格证书。

二、装配式钢结构施工技术培训教学计划

课程名称	装配式钢结构施工技术		培训班级		2022-pc-1	
专业	土木工程	班级		层次		本科0
本课程开课时间		本课程总学分		2	本学期学分	2
本学期教学周数	8周	讲授		20学时	实验(践)	8学时
习题(讨论)	2学时	机动		2学时	总计	32学时
主教材名称	装配式钢结构施工技术			主编		陈子莹、唐小方 朱家勇、王建河
出版社	华中科技大学出版社					
参考资料	书名		主编		出版社	
	装配式冷弯薄壁型钢建筑结构基础		袁富贵		华中科技大学出版社	

说　明

　　按照粤港澳大湾区装配式建筑技术培训中心培训教学质量的要求,贯彻以学生为中心的理念,坚持"面向校园""面向专业""面向职业"的原则。全部教学内容包括:装配式钢结构建筑技术体系简介;钢结构深化设计;钢结构制作工艺;高层钢结构安装;大跨度钢结构安装;钢结构施工组织;钢结构施工安全管理等7个章节的内容。

考核方案

序号	考核项目	权重	评价标准	考核时间
1	出勤	10%	全勤:100分;迟到每次扣10分,旷课每次扣25分	1~8周
2	课堂回答问题及作业	20%	课堂上回答教授问题的准确性和课堂作业正确性	1~8周
3	期中阶段性测验	20%	检查期中阶段的学习情况	6周
4	期末课程考查(装配式钢结构施工组织报告)	50%	综合知识达到教学大纲要求,依照合理性评定	8周

　　注:1.培训教学计划依据培训大纲制订授课计划;2.本计划由主讲教师填写一式三份,经培训部主任签字后送教务处一份,培训部一份,主讲教师一份;3.考核项目的类型不少于3个;4.综合性考核类型为笔试。

主讲教师:＿＿＿＿＿＿＿＿　　　　　　培训部主任:＿＿＿＿＿＿＿＿

　　　　　　　　　　　　　　　　　　　　　　　　年　　月　　日

教学进度安排表

周次	课次	教学内容 （章节号、课题名称）	学时	授课方式	课外作业	备注
1	1	1　装配式钢结构建筑技术体系简介 1.1　装配式钢结构建筑概述 1.2　装配式钢结构建筑的特点和发展意义 1.3　装配式钢结构建筑发展过程中存在的问题 1.4　装配式钢结构建筑的结构系统 1.5　装配式钢结构建筑的楼板与楼梯	2	理论授课		
1	2	1.6　装配式钢结构建筑的外围护系统 1.7　装配式钢结构建筑的设备管线系统与内装系统	2	理论授课		
2	3	2　钢结构深化设计 2.1　钢结构深化设计概述 2.1　钢结构深化设计内容	2	理论授课		
2	4	案例讲解	2	实践教学		
3	5	3　钢结构制作工艺 3.1　原材料采购原则及进场检测 3.2　钢结构制作 3.3　典型钢构件制作流程	2	理论授课		
3	6	3.4　焊接质量检验 3.5　钢构件除锈及涂装 3.6　质量检验 3.7　构件运输	2	理论授课		
4	7～8	4　高层钢结构安装 4.1　高层钢结构埋件安装 4.2　高层钢结构常规钢柱安装 4.3　高层钢结构钢梁安装 4.4　高层钢结构组合楼板安装 4.5　高层钢结构栓钉安装	4	理论授课		
5	9～10	5　大跨度钢结构安装 5.1　大跨度钢结构支撑施工 5.2　大跨度钢结构地面预拼装 5.3　大跨度钢结构桁架安装	4	理论授课		
6	11～12	案例讲解	4	实践教学		

周次	课次	教学内容 （章节号、课题名称）	学时	授课方式	课外作业	备注
7	13	6　钢结构施工组织 6.1　案例工程概况 6.2　工程目标 6.3　工程重难点分析及对策 6.4　施工管理组织架构 6.5　施工部署 6.6　进度计划及工期保证措施 6.7　施工准备及资源计划 6.8　施工平面布置	2	理论授课		
7	14	钢结构施工组织报告编写	2	实践教学		
8	15	7　钢结构施工安全管理 7.1　安全风险分析 7.2　安全生产管理 7.3　"三宝"防护措施及使用要求 7.4　钢结构安装安全防护 7.5　起重吊装安全防护 7.6　高强螺栓作业安全防护 7.7　压型钢板和栓钉施工安全防护 7.8　钢结构涂装施工安全防护 7.9　构件卸车及堆放安全事项 7.10　施工现场临时用电管理	2	理论授课		
8	16	机动	2	实践教学		

三、装配式钢结构施工技术培训教学大纲

1. 课程描述

装配式钢结构施工技术是土木工程专业的一门专业课,是以钢结构原理与设计为基础,结合土木工程施工技术与组织、工程项目管理等应用为研究对象的一门综合性、实践性较强的课程,对培养学生具备装配式钢结构建筑从业技术人员的设计、施工、管理等能力具有重要作用,也是服务于应用型本科人才培养目标的一门重要课程。

通过本课程的学习,可以了解装配式钢结构建筑的结构系统、外围护系统及设备管线系统与内装系统;掌握钢结构深化设计的方法;掌握钢结构制作工艺、高层及大跨度钢结构安装工艺;掌握钢结构施工组织及安全管理。学生初步具备装配式钢结构建筑从业技术人员的能力,为今后从事装配式钢结构建筑项目的设计、施工和管理打下基础。

2. 前置课程

前置课程说明

课程代码	课程名称	与课程衔接的重要概念、原理及技能
U0602369	钢结构原理与设计	钢结构的设计原理和方法,钢结构常用的规范、标准以及钢结构对材料性能的要求
U0603238	土木工程施工技术与组织	施工组织的基本原则,施工准备工作及施工组织设计

3. 课程目标与专业人才培养规格的相关性

课程目标与专业人才培养规格的相关性

课程总体目标	相关性
知识培养目标:掌握装配式钢结构建筑技术体系基础知识;掌握钢结构深化设计内容与图纸编制;掌握钢结构制作工艺流程与质量管理控制;掌握高层及大跨度钢结构的施工安装工艺;掌握钢结构施工方案编制和安全管理的方法	C
能力培养目标:学生能运用装配式钢结构的施工安装工艺及技术进行装配式钢结构项目的施工方案编制和安全管理;具有工程实践所需技术、技巧及使用工具的能力;初步掌控建筑设计、生产、施工、验收、运营维护的全生命周期内钢结构建筑工程实施的能力	C

课程总体目标	相关性
素质养成目标:培养学生作为一个工程技术人员所必须具备的坚持不懈的学习精神、严谨治学的科学态度和积极向上的价值观;培养学生认清建筑行业的发展与动态的能力;培养学生的职业道德、敬业精神和社会责任感;培养学生的团队协作精神和人际沟通能力	A/B
专业人才培养规格	
具有良好的政治素质、文化修养、职业道德、服务意识、健康的体魄和心理	A
具有较强的语言文字表达、信息收集处理、新知识获取的能力;具有良好的团结协作精神和人际沟通、社会活动等基本能力	B
熟练掌握施工图设计程序,具备较强的工程设计能力	C

4. 课程考核方案

(1)考核类型:考查。

(2)考核形式:理论与实践相结合。

5. 具体考核方案

考核方案

序号	考核项目	权重	评价标准	考核时间
1	出勤(学习参与类)	10%	全勤:100分;迟到每次扣10分,旷课每次扣25分	1～8周随堂
2	作业完成情况(学习参与类)	20%	3次作业	第2、4、7周
3	期中口头报告(阶段性测验类)	20%	小结性口头报告,100分。准备充分:15%;表达清楚:15%;收获体会及问题:70%	第6周
4	结业考核	50%	综合知识达到教学大纲要求,依照合理性评定,颁发合格证书	第8周

　　由广东白云学院、粤港澳大湾区装配式建筑技术培训中心、深圳金鑫绿建股份有限公司联合颁发培训合格证书。

6.课程教学安排

课程教学安排

序号	教学模块	模块目标	教学单元	单元目标	课时	教学策略	学习活动	学习评价
1	装配式钢结构建筑技术体系简介	**知识目标**：了解装配式钢结构建筑的特点与各系统。**能力目标**：掌握装配式钢结构建筑的结构系统、外围护系统、设备管线系统与内装系统。**素养目标**：增强学生对装配式钢结构建筑的学习兴趣	装配式钢结构建筑的特点及发展过程中存在的问题	**知识目标**：了解装配式钢结构建筑的特点。**能力目标**：了解发展装配式钢结构建筑的意义。**素养目标**：认识装配式钢结构建筑的重要性	2	问题引入、案例分析求证	1.课堂问答；2.利用网络查找装配式钢结构建筑的特点	学生自我阐述，老师点评
2			装配式钢结构建筑的各个系统	**知识目标**：掌握结构系统、外围护系统、设备管线系统与内装系统。**能力目标**：掌握钢结构建筑各个系统的特点。**素养目标**：养成一丝不苟的习惯	2	问题引入、案例分析求证	1.课堂问答；2.利用网络查找装配式钢结构建筑体系的特点	
3	钢结构深化设计	**知识目标**：了解钢结构深化设计内容。**能力目标**：掌握钢结构深化设计方法。**素养目标**：增强学生进行钢结构深化设计的兴趣	钢结构深化设计介绍内容	**知识目标**：了解钢结构深化设计内容。**能力目标**：掌握钢结构深化设计方法。**素养目标**：增强学生进行钢结构深化设计的兴趣	2	问题引入、案例分析求证	1.课堂问答；2.学习钢结构深化设计案例	学生自我阐述，老师点评
4			案例讲解	**知识目标**：了解钢结构深化设计内容。**能力目标**：掌握钢结构深化设计方法。**素养目标**：增强学生进行钢结构深化设计的兴趣	2	实践强化	1.课堂问答；2.学习钢结构深化设计案例	学生自我阐述，老师点评

序号	教学模块	模块目标	教学单元	单元目标	课时	教学策略	学习活动	学习评价
5	钢结构制作工艺	**知识目标**：典型钢构件制作流程。**能力目标**：掌握钢结构制作工艺。**素养目标**：增强学生对项目实施全生命周期的掌控能力	原材料采购原则及进场检测；钢构件制作流程	**知识目标**：了解原材料采购原则、进场检测及典型钢构件制作流程。**能力目标**：掌握原材料的种类及典型钢构件制作流程。**素养目标**：养成学生勇于实践、敢于创新的精神	2	问题引入、分析讨论	1.课堂问答；2.学习案例	学生自我阐述，老师点评
6			钢构件除锈及涂装；构件运输	**知识目标**：了解钢构件质量检验标准。**能力目标**：能制定构件运输方案。**素养目标**：养成学生勇于实践、敢于创新的精神	2	问题引入、分析讨论	1.课堂问答；2.学习案例	学生自我阐述，老师点评
7～8	高层钢结构安装	**知识目标**：高层及大跨度钢结构安装工艺。**能力目标**：掌握钢结构安装工艺。**素养目标**：养成学生勇于实践、敢于创新的精神和培养学生发现问题、总结问题的习惯	高层钢结构埋件、钢柱、钢梁、组合楼板、栓钉安装工艺	**知识目标**：高层钢结构安装工艺。**能力目标**：掌握高层钢结构安装工艺的特点和难点。**素养目标**：养成学生勇于实践、敢于创新的精神	4	问题引入、案例分析求证	1.课堂问答；2.学习高层钢结构安装案例	学生自我阐述，老师点评
9～10	大跨度钢结构安装		大跨度钢结构支撑、地面预拼、桁架安装工艺	**知识目标**：大跨度钢结构安装工艺。**能力目标**：掌握钢结构安装工艺。**素养目标**：养成学生勇于实践、敢于创新的精神	4	问题引入、案例分析求证	1.课堂问答；2.学习大跨度钢结构安装案例	学生自我阐述，老师点评
11～12	案例讲解		案例讲解	**知识目标**：钢结构安装工艺。**能力目标**：掌握钢结构安装工艺及重点难点。**素养目标**：培养学生发现问题、总结问题的习惯	4	案例分析求证	视频学习钢结构安装案例	小组讨论，老师点评

序号	教学模块	模块目标	教学单元	单元目标	课时	教学策略	学习活动	学习评价
13	钢结构施工组织		钢结构施工组织	**知识目标**:了解钢结构施工部署及进度计划安排。**能力目标**:掌握钢结构施工组织报告的编制。**素养目标**:养成学生良好的团队合作和勇于实践、敢于创新的精神	2	问题引入、分析讨论	1.课堂问答;2.学习案例	小组讨论,老师点评
14	钢结构施工组织报告编写	**知识目标**:学习钢结构施工组织及安全管理的基本知识。**能力目标**:掌握钢结构施工组织报告的编制。**素养目标**:养成学生良好的团队合作精神和培养学生发现问题、总结问题的习惯	钢结构施工组织报告编写	**知识目标**:了解钢结构施工部署及进度计划安排。**能力目标**:掌握钢结构施工组织报告的编制。**素养目标**:养成学生良好的团队合作和勇于实践、敢于创新的精神	2	实践强化	学习钢结构施工组织报告案例	学生自我阐述,老师点评
15	钢结构施工安全管理		钢结构施工安全管理	**知识目标**:了解钢结构施工部署及进度计划安排。**能力目标**:掌握钢结构施工组织报告的编制。**素养目标**:养成学生良好的团队合作和勇于实践、敢于创新的精神	2	问题引入、分析讨论	1.课堂问答;2.学习案例	小组讨论,老师点评
16	学习总结		钢结构施工组织报告汇报	**知识目标**:学习钢结构施工组织及安全管理的基本知识。**能力目标**:掌握钢结构施工组织报告的编制。**素养目标**:养成学生良好的团队合作精神和培养学生发现问题、总结问题的习惯	2	实践强化	学习钢结构施工组织报告案例	学生自我阐述,老师点评

四、装配式钢结构施工技术课程大纲基本内容

1 装配式钢结构建筑技术体系简介

1.基本内容

1.1 装配式钢结构建筑概述；

1.2 装配式钢结构建筑的特点和发展意义；

1.3 装配式钢结构建筑发展过程中存在的问题；

1.4 装配式钢结构建筑的结构系统；

1.5 装配式钢结构建筑的楼板与楼梯；

1.6 装配式钢结构建筑的外围护系统；

1.7 装配式钢结构建筑的设备管线系统与内装系统。

2.重点：装配式钢结构建筑的结构系统、外围护系统、设备管线系统与内装系统。

3.难点：钢结构建筑各系统的设计要点。

4.授课方式：理论教学＋案例分析。

2 钢结构深化设计

1.基本内容

1.1 钢结构深化设计的概述；

1.2 钢结构深化设计内容。

2.重点：钢结构深化设计内容。

3.难点：钢结构深化设计图编制与制图标准。

4.授课方式：理论教学＋案例分析。

3 钢结构制作工艺

1.基本内容

1.1 原材料采购原则及进场检测；

1.2 钢结构制作；

1.3 典型钢构件制作流程；

1.4 焊接质量检验等级;

1.5 钢构件除锈及涂装;

1.6 质量检验;

1.7 构件运输。

2.重点:典型钢构件制作流程。

3.难点:钢结构焊接质量检验等级。

4.授课方式:理论教学+案例分析。

4 高层钢结构安装

1.基本内容

1.1 高层钢结构埋件安装;

1.2 高层钢结构常规钢柱安装;

1.3 高层钢结构钢梁安装;

1.4 高层钢结构组合楼板安装;

1.5 高层钢结构栓钉安装。

2.重点:钢梁、钢柱、楼板安装工艺。

3.难点:钢梁、钢柱、楼板施工工艺及安装技术措施。

4.授课方式:理论教学+案例分析。

5 大跨度钢结构安装

1.基本内容

1.1 大跨度钢结构支撑施工;

1.2 大跨度钢结构地面预拼装;

1.3 大跨度钢结构桁架安装。

2.重点:大跨度钢结构支撑施工。

3.难点:大跨度钢结构支撑施工技术措施。

4.授课方式:理论教学+案例分析。

6 钢结构施工组织

1.基本内容

1.1 案例工程概况;

1.2 工程目标;

1.3 工程重难点分析及对策;

1.4 施工管理组织架构;

1.5 施工部署;

1.6 进度计划及工期保证措施;

1.7 施工准备及资源计划;

1.8 施工平面布置。

2.重点:钢结构施工部署、进度计划、施工平面布置。

3.难点:钢结构施工组织报告。

4.授课方式:理论教学＋案例分析。

7 钢结构施工安全管理

1.基本内容

1.1 安全风险分析;

1.2 安全生产管理;

1.3 "三宝"防护措施及使用要求;

1.4 钢结构安装安全防护;

1.5 起重吊装安全防护;

1.6 高强螺栓作业安全防护;

1.7 压型钢板和栓钉施工安全防护;

1.8 钢结构涂装施工安全防护;

1.9 构件卸车及堆放安全事项;

1.10 施工现场临时用电管理。

2.重点:安全风险分析及安全生产管理体系及制度。

3.难点:钢结构各项施工的安全防护措施。

4.授课方式:理论教学＋案例分析。